土建工程师必备技能系列丛书

建筑施工常用规范重点条文解析与应用

赵志刚 主编

中国建筑工业出版社

图书在版编目（CIP）数据

建筑施工常用规范重点条文解析与应用/赵志刚主编.
北京：中国建筑工业出版社，2015.11
（土建工程师必备技能系列丛书）
ISBN 978-7-112-18563-4

Ⅰ.①建… Ⅱ.①赵… Ⅲ.①建筑工程-工程施工-建筑规范 Ⅳ.①TU711

中国版本图书馆CIP数据核字（2015）第248981号

本书根据筑龙教育频道畅销课程整理，内容共分6章，包括与混凝土施工有关的规范；与钢筋施工有关的规范；与模板有关的规范；与防水施工有关的规范；与装修施工有关的规范；其他较重要的规范。本书详细讲解了建筑施工中常用规范的重点条文，重点突出、针对性好、实战性强，可供建筑行业技术管理人员学习使用。

登录 www.cabplink.com，可观看本书主编赵志刚老师的更多授课视频。

责任编辑：岳建光　张　磊　万　李
责任设计：李志立
责任校对：陈晶晶　赵　颖

土建工程师必备技能系列丛书
建筑施工常用规范重点条文解析与应用
赵志刚　主编
*
中国建筑工业出版社出版、发行（北京西郊百万庄）
各地新华书店、建筑书店经销
霸州市顺浩图文科技发展有限公司制版
北京建筑工业印刷厂印刷
*
开本：787×1092毫米　1/16　印张：15½　字数：381千字
2016年1月第一版　2017年11月第二次印刷
定价：39.00元
ISBN 978-7-112-18563-4
（27798）

版权所有　翻印必究
如有印装质量问题，可寄本社退换
（邮政编码100037）

本书编委会

主　　编：赵志刚

参编人员：孟祥金　邢志敏　曾　雄　徐　鹏　越雅楠　乌兰图雅
　　　　　张文明　刘樟斌　郑嘉鑫　陈德荣　杜金虎　沈　权
　　　　　樊红彪　吴芝泽　张小元　刘绪飞　刘建新　韩路平
　　　　　许永宁　王晓亮　吴海燕　唐福均　聂星胜　陆胜华

前 言

建筑行业的高速发展带来了越来越多的就业机会，大量的年轻人及建筑业新人涌入建筑管理岗位。大量新人充满热情准备为祖国建设努力工作的同时，由于对建筑规范尤其是一些重要标准规范条文的理解不深，加之自身经验的不足，从而导致在施工现场频繁出现管理失误、背工现象。在建筑施工中，由于不按照规范施工，导致发生一系列安全、质量问题的现象是比较严重的。

虽然工地现场有着众多技术、管理人员对施工现场必须加强规范施工进行严格的管理与指导，但由于国家制定的规范门类多、文字较枯燥、难理解等，对管理人员的技术及管理水平提出更高的要求。为此特编写本书，为大家详解土木工程常用规范的重点条文，为广大建筑工程技术与管理人员快速适应企业发展、提高自身技能尽绵薄之力。

本书摒弃以往教科书的纯理论知识型讲解，注重理论与实践的结合性，章节脉络清晰，前后衔接紧密。

1. 通过对相关规范、条文的介绍，引出重点施工规范要点；
2. 通过对真实案例的分析，得出现场施工的技术要点；
3. 通过对现场图片的参照，得出现场施工的工艺要点。

由于编者水平有限，书中难免有不妥之处，欢迎广大读者批评指正，意见及建议可发送至邮箱 bwhzj1990@163.com。

登录 www.cabplink.com，可观看本书主编赵志刚老师的更多授课视频！

目 录

1 与混凝土施工有关的规范 ·· 1
  1.1 混凝土结构工程施工质量验收规范 ·· 1
    1.1.1 钢筋检验批资料 ··· 1
    1.1.2 钢筋检验 ·· 1
    1.1.3 钢筋验收 ·· 2
    1.1.4 施工中钢筋的质量 ·· 2
    1.1.5 建筑模板 ·· 2
    1.1.6 组合式钢模板 ·· 4
    1.1.7 铝模板 ·· 4
    1.1.8 梁板的起拱 ·· 5
    1.1.9 钢筋隐检内容 ·· 5
    1.1.10 预埋件的规格、数量及位置 ··· 6
    1.1.11 抗震设防要求 ··· 7
    1.1.12 抗震钢筋 ··· 7
    1.1.13 钢筋的加工 ··· 8
    1.1.14 钢筋连接 ··· 9
    1.1.15 柱的另一种加强方式 ·· 10
    1.1.16 钢筋安装 ·· 10
    1.1.17 钢筋帮扎 ·· 10
    1.1.18 预应力筋 ·· 11
    1.1.19 预应力筋张拉或放张 ·· 11
    1.1.20 预应力筋用锚具、夹具和连接器 ·· 12
    1.1.21 预拌混凝土 ·· 13
    1.1.22 外加剂 ·· 13
    1.1.23 矿物掺合料 ·· 13
    1.1.24 混凝土原材料 ·· 14
    1.1.25 混凝土试件强度评定 ·· 14
    1.1.26 混凝土试件取样与留置 ·· 14
    1.1.27 混凝土试模 ·· 14
    1.1.28 混凝土浇筑 ·· 15
    1.1.29 混凝土的抗冻要求 ·· 15
    1.1.30 钢筋搭接长度 ·· 15
    1.1.31 钢筋搭接接头面积百分率 ·· 15
    1.1.32 混凝土试件的养护 ·· 16
    1.1.33 受力钢筋保护层 ·· 17
    1.1.34 钢筋保护层厚度检验 ·· 17
  1.2 混凝土结构工程施工规范 ·· 18

- 1.2.1 结构施工前准备 ... 19
- 1.2.2 隐蔽工程验收 ... 19
- 1.2.3 混凝土的运输 ... 20
- 1.2.4 粗骨料的选用 ... 20
- 1.2.5 细骨料的选用 ... 21
- 1.2.6 常用的混凝土养护 ... 21
- 1.2.7 混凝土养护的重点 ... 21
- 1.2.8 坍落度的检验 ... 22
- 1.2.9 混凝土浇筑前的工作 ... 22
- 1.2.10 混凝土输送方式 ... 23
- 1.2.11 混凝土有强度差时浇筑办法 ... 24

1.3 混凝土质量控制标准 ... 25

1.4 混凝土强度检验评定标准 ... 27
- 1.4.1 混凝土取样 ... 27
- 1.4.2 混凝土的评定方法 ... 27
- 1.4.3 混凝土的配合比 ... 29
- 1.4.4 标准差的计算 ... 30
- 1.4.5 混凝土的检验评定 ... 30

1.5 大体积混凝土施工规范 ... 30
- 1.5.1 大体积混凝土的定义 ... 30
- 1.5.2 大体积混凝土施工技术准备工作 ... 30
- 1.5.3 大体积混凝土的养护 ... 31
- 1.5.4 混凝土的降温和保温 ... 31
- 1.5.5 分层连续浇筑 ... 32

1.6 建筑地基基础工程施工质量验收规范 ... 34
- 1.6.1 地基准备工作 ... 34
- 1.6.2 地基的间歇期 ... 34
- 1.6.3 基础加固 ... 34
- 1.6.4 常见的地基 ... 34
- 1.6.5 常见的复合地基 ... 35
- 1.6.6 地基承载力的检验 ... 35
- 1.6.7 砂或砂砾石地基 ... 35
- 1.6.8 土工合成材料地基的性能 ... 36
- 1.6.9 垫层底部及基槽的处理 ... 37
- 1.6.10 水泥土搅拌桩的控制要素 ... 37
- 1.6.11 水泥土搅拌桩的适用范围 ... 38
- 1.6.12 水泥粉煤灰碎石桩复合地基 ... 38
- 1.6.13 灌注桩的标高控制 ... 39
- 1.6.14 工程桩的检验 ... 39
- 1.6.15 人工挖孔桩的相关要求 ... 41
- 1.6.16 土方施工 ... 42
- 1.6.17 平整场地的要求 ... 42

目 录

- 1.6.18 开挖工程 ……………………………………………………… 42
- 1.6.19 基坑的几种支护方式 …………………………………………… 43
- 1.6.20 土方回填 ………………………………………………………… 43
- 1.6.21 水泥土桩墙 ……………………………………………………… 44
- 1.6.22 锚杆支护 ………………………………………………………… 44

1.7 超声回弹综合法检测混凝土强度技术规程 …………………………… 44
- 1.7.1 混凝土强度检测 ………………………………………………… 45
- 1.7.2 构件检测区的布置 ……………………………………………… 45
- 1.7.3 回弹测试及回弹值计算 ………………………………………… 46

1.8 建设工程质量检测管理办法 …………………………………………… 47
- 1.8.1 建设工程质量管理条例 ………………………………………… 47
- 1.8.2 检测机构的资质 ………………………………………………… 47
- 1.8.3 检测机构的违章处理办法 ……………………………………… 47

1.9 基坑土钉支护技术规程 ………………………………………………… 48
- 1.9.1 土钉 ……………………………………………………………… 48
- 1.9.2 土钉墙 …………………………………………………………… 48
- 1.9.3 基坑开挖方案及支护方案 ……………………………………… 48
- 1.9.4 土钉和锚杆异同 ………………………………………………… 49

1.10 建设项目工程总承包管理规范 ………………………………………… 49
- 1.10.1 工程总承包的概念 ……………………………………………… 49
- 1.10.2 设计选用的设备材料 …………………………………………… 49
- 1.10.3 工程总承包的资质 ……………………………………………… 49
- 1.10.4 项目策划及计划 ………………………………………………… 50

1.11 混凝土用水标准 ………………………………………………………… 50
- 1.11.1 混凝土拌合用水水质要求 ……………………………………… 50
- 1.11.2 水的放射性要求 ………………………………………………… 51
- 1.11.3 水质检验 ………………………………………………………… 51

1.12 混凝土泵送施工技术规程 ……………………………………………… 51

2 与钢筋施工有关的规范 …………………………………………………… 52

2.1 平法图集 ………………………………………………………………… 52
- 2.1.1 平法图集相关介绍 ……………………………………………… 52
- 2.1.2 钢筋锚固 ………………………………………………………… 52
- 2.1.3 钢筋种类 ………………………………………………………… 56
- 2.1.4 钢筋下料详解 …………………………………………………… 58

2.2 钢筋机械连接技术规程 ………………………………………………… 60
- 2.2.1 钢筋连接说明 …………………………………………………… 60
- 2.2.2 钢筋连接要求 …………………………………………………… 62

2.3 钢筋抗震构造要求 ……………………………………………………… 67
- 2.3.1 三个要求 ………………………………………………………… 67
- 2.3.2 抗震结构钢筋接头连接部位及要求 …………………………… 68
- 2.3.3 对钢筋工程接头设置的一些建议 ……………………………… 69

2.4 钢筋通用图集介绍 ……………………………………………………… 69

2.4.1 图集介绍 ... 69
 2.4.2 主要内容 ... 72
2.5 钢筋相应规范介绍 ... 94
 2.5.1 规范介绍 ... 94
 2.5.2 主要内容 ... 96

3 与模板有关的规范 ... 117
3.1 建筑施工模板安全技术规范 ... 117
 3.1.1 荷载及变形值的规定 ... 117
 3.1.2 设计 ... 118
 3.1.3 模板构造与安装 ... 118
3.2 建筑施工门式钢管脚手架安全技术规范 ... 123
 3.2.1 构造要求 ... 123
 3.2.2 搭设与拆除 ... 124
 3.2.3 安全管理 ... 125
3.3 建筑施工扣件式钢管脚手架安全技术规范 ... 126
 3.3.1 构配件 ... 126
 3.3.2 构造要求 ... 126
 3.3.3 施工 ... 128
 3.3.4 检查与验收 ... 128
 3.3.5 安全管理 ... 129
3.4 建筑施工碗扣式钢管脚手架安全技术规范 ... 130
 3.4.1 构配件材料、制作及检验 ... 130
 3.4.2 结构设计计算 ... 132
 3.4.3 构造要求 ... 132
 3.4.4 施工 ... 134
 3.4.5 安全使用与管理 ... 134
3.5 建筑施工高处作业安全技术规范 ... 135
 3.5.1 基本规定 ... 135
 3.5.2 临边与洞口作业的安全防护 ... 135
 3.5.3 攀登与悬空作业的安全防护 ... 139
 3.5.4 操作平台与交叉作业的安全防护 ... 141

4 与防水施工有关的规范 ... 143
4.1 地下工程防水技术规范 ... 143
 4.1.1 地下工程防水设计 ... 143
 4.1.2 地下工程混凝土结构主体防水 ... 143
 4.1.3 地下工程混凝土结构细部构造防水 ... 147
4.2 地下防水工程质量验收规范 ... 150
 4.2.1 基本规定 ... 150
 4.2.2 主体结构防水工程 ... 150
 4.2.3 细部构造防水工程 ... 154
4.3 地下室防水施工技术规程 ... 155
 4.3.1 基本规定 ... 156

        4.3.2 地下室防水细部构造 ································· 156
        4.3.3 施工工艺 ·· 158
    4.4 建筑室内防水工程技术规程 ································· 161
        4.4.1 防水工程设计 ······································ 161
        4.4.2 防水工程施工 ······································ 162
        4.4.3 建筑室内防水工程验收 ······························· 163
    4.5 建筑外墙防水工程技术规程 ································· 163
    4.6 屋面工程技术规范 ··· 165
        4.6.1 屋面工程设计 ······································ 165
        4.6.2 屋面工程施工 ······································ 172
    4.7 屋面工程质量验收规范 ····································· 173
        4.7.1 基本规定 ·· 173
        4.7.2 基层与保护工程 ···································· 174
        4.7.3 保温与隔热工程 ···································· 174
        4.7.4 防水与密封工程 ···································· 175

5 与装修施工有关的规范 ··· 176
    5.1 建筑工程施工质量验收统一标准 ····························· 176
        5.1.1 建筑工程施工质量应符合的规定 ······················· 176
        5.1.2 抽样验收 ·· 177
        5.1.3 专项验收 ·· 177
        5.1.4 检验批抽取 ·· 177
        5.1.5 建筑工程质量验收的划分 ····························· 178
    5.2 民用建筑工程室内环境污染控制规范 ························· 180
        5.2.1 分类 ·· 180
        5.2.2 材料 ·· 180
        5.2.3 涂料 ·· 181
        5.2.4 胶粘剂 ·· 181
        5.2.5 水性处理剂 ·· 182
        5.2.6 材料选择 ·· 182
        5.2.7 验收 ·· 182
    5.3 金属与石材幕墙工程技术规范 ······························· 184
        5.3.1 一般规定 ·· 184
        5.3.2 花岗石板材的弯曲强度检测 ··························· 185
        5.3.3 幕墙用单层铝板厚度要求 ····························· 185
        5.3.4 结构密封胶的保质期与检测报告 ······················· 185
        5.3.5 对挠度的规定 ······································ 185
        5.3.6 防火层的密封材料 ·································· 186
        5.3.7 钢型材截面要求 ···································· 187
        5.3.8 打胶 ·· 187
    5.4 建筑地面工程施工质量验收规范 ····························· 187
        5.4.1 材料或产品进场时的规定 ····························· 187
        5.4.2 排水系统设计相关规定 ······························· 188

    5.4.3 空鼓检查 ·········· 189
    5.4.4 伸缩缝的设计 ·········· 189
    5.4.5 找平层 ·········· 189
    5.4.6 混凝土强度等级要求 ·········· 189
    5.4.7 常用的板块面层铺设材料 ·········· 190
    5.4.8 楼梯踏步宽度、高度要求 ·········· 190
    5.4.9 木地板铺设 ·········· 190
  5.5 建筑工程饰面砖粘结强度检验标准 ·········· 191
    5.5.1 带饰面砖预制墙板 ·········· 191
    5.5.2 现场粘贴饰面砖 ·········· 191
  5.6 建筑节能工程施工质量验收规范 ·········· 192
    5.6.1 节能设计变更的要求 ·········· 192
    5.6.2 节能建筑施工 ·········· 192
    5.6.3 墙体节能工程 ·········· 192
    5.6.4 幕墙节能工程 ·········· 194
    5.6.5 建筑外门窗工程 ·········· 194
    5.6.6 屋面工程 ·········· 195
    5.6.7 地面节能工程 ·········· 196
    5.6.8 外墙节能结构的实体检测 ·········· 196
    5.6.9 建筑节能分部工程的质量验收 ·········· 197
  5.7 建筑涂饰工程施工及验收规程 ·········· 198
    5.7.1 基层质量及验收要求 ·········· 198
    5.7.2 材料 ·········· 199
    5.7.3 施工 ·········· 199
  5.8 建筑装饰装修工程质量验收规范 ·········· 199
    5.8.1 设计 ·········· 199
    5.8.2 材料 ·········· 200
    5.8.3 施工 ·········· 200
    5.8.4 抹灰工程 ·········· 201
    5.8.5 门窗工程 ·········· 202
    5.8.6 吊顶工程 ·········· 204
    5.8.7 饰面板（砖）工程 ·········· 204
  5.9 外墙外保温工程技术规程 ·········· 205
    5.9.1 性能要求 ·········· 205
    5.9.2 设计与施工 ·········· 205
    5.9.3 EPS 板薄抹灰外墙外保温系统 ·········· 205
    5.9.4 机械固定 EPS 钢丝网架板外墙外保温系统 ·········· 206
    5.9.5 工程验收 ·········· 207
  5.10 建筑装饰装修工程质量验收规范 ·········· 208
    5.10.1 设计 ·········· 208
    5.10.2 材料 ·········· 209
    5.10.3 施工 ·········· 209
6 其他较重要的规范 ·········· 212

6.1 建筑抗震加固技术规程 ……………………………………………… 212
6.1.1 总则 …………………………………………………………… 212
6.1.2 加固分类 ……………………………………………………… 212
6.1.3 加固材料要求 ………………………………………………… 214
6.1.4 加固施工要求 ………………………………………………… 214

6.2 回弹法检测混凝土抗压强度技术规程 …………………………… 214
6.2.1 总则 …………………………………………………………… 214
6.2.2 回弹仪技术要求 ……………………………………………… 215
6.2.3 回弹仪标准状态要求 ………………………………………… 215
6.2.4 回弹仪检定要求 ……………………………………………… 215
6.2.5 回弹值测量 …………………………………………………… 215
6.2.6 碳化深度值测量 ……………………………………………… 216
6.2.7 回弹值计算 …………………………………………………… 216

6.3 电梯工程施工质量验收规范 ……………………………………… 217
6.3.1 总则 …………………………………………………………… 217
6.3.2 电梯安装 ……………………………………………………… 217

6.4 塑料门窗工程技术规程 …………………………………………… 219
6.4.1 密封条安装 …………………………………………………… 219
6.4.2 材料要求 ……………………………………………………… 219
6.4.3 门窗进场及安装 ……………………………………………… 220

6.5 建筑给水排水及采暖工程施工质量验收规范 …………………… 221
6.5.1 总则 …………………………………………………………… 221
6.5.2 给水排水系统安装要求 ……………………………………… 222
6.5.3 管道安装 ……………………………………………………… 222
6.5.4 卫生器具安装 ………………………………………………… 224
6.5.5 管道保温与防腐 ……………………………………………… 224
6.5.6 吊顶内设备管道安装 ………………………………………… 224
6.5.7 设备机房管道安装 …………………………………………… 225
6.5.8 消火栓安装 …………………………………………………… 225

6.6 钢结构工程施工质量验收规范 …………………………………… 225
6.6.1 总则 …………………………………………………………… 225
6.6.2 施工单位资质等级要求 ……………………………………… 226
6.6.3 钢结构验收 …………………………………………………… 227

6.7 建设工程项目管理规范 …………………………………………… 228
6.7.1 施工项目管理概述 …………………………………………… 228
6.7.2 建筑安装工程费 ……………………………………………… 228
6.7.3 施工项目管理内容 …………………………………………… 229
6.7.4 施工项目合同 ………………………………………………… 229
6.7.5 双代号网络计划 ……………………………………………… 230
6.7.6 风险和风险量的内涵 ………………………………………… 230
6.7.7 施工安全技术保证体系 ……………………………………… 231
6.7.8 安全生产 ……………………………………………………… 231
6.7.9 施工平行承发包模式 ………………………………………… 232
6.7.10 建设工程文件 ………………………………………………… 233

1 与混凝土施工有关的规范

1.1 混凝土结构工程施工质量验收规范

《混凝土结构工程施工质量验收规范》GB 50204—2015（自 2015 年 9 月 1 日开始施行）；

《建筑工程施工质量验收统一标准》GB 50300—2013（自 2014 年 6 月 1 日开始施行）。

1.1.1 钢筋检验批资料

对具体抽检数量和单支尺寸执行《钢筋混凝土用钢 第 1 部分：热轧光圆钢筋》GB 1499.1—2008 和《钢筋混凝土用钢 第 2 部分：热轧带肋钢筋》GB 1499.2—2007。如果首检不合格，复检的数量要翻倍。

钢筋的取样试验：同一工程、同一牌号、同一类型的材料，质量不大于 30t 为一批；每批见证取 3 件试件。当连续三批检验均一次合格时，检验批的容量可扩大为 60t。检验方法：应按国家现行相关标准的规定抽取试件做屈服强度、抗拉强度、伸长率、弯曲性能和质量偏差检验，其结果必须符合有关标准的规定。检查数量：按进场的批次和产品的抽样检验方案确定。检查方法：检查产品合格证（见图 1-1）、质量证明书（见图 1-2）和进场抽样复验报告。检验质量偏差时，试件切口要平滑并与长度方向垂直，且长度不应小于 500mm；长度和质量的精度要控制在不低于 1mm 和 1g。钢筋取样如图 1-3 所示。

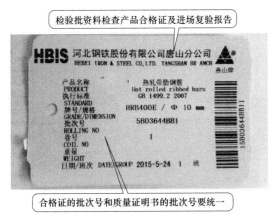

图 1-1 产品合格证

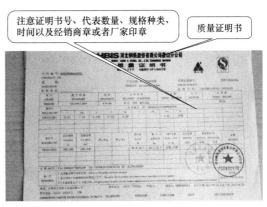

图 1-2 产品质量证明书

1.1.2 钢筋检验

钢筋进场时，应按照现行国家标准《钢筋混凝土用钢第 1 部分：热轧光圆钢筋》GB 1499.1—2008、《钢筋混凝土用钢 第 2 部分：热轧带肋钢筋》GB 1499.2—2007 规定的组批规则、取样数量和方法进行检验（见图1-4），检验结果应符合上述标准的规定。一般钢筋检验断后伸长率即可，牌号带E的钢筋检验最大力下总伸长率。钢筋的质量证明文件主要为产品合格证和出厂检验报告（进场的三证：产品合格证、质量证明书、检测报告，如果产品质量证明书没有原件，可以采用复印件加盖经销商章）。

图1-3 钢筋取样

图1-4 钢筋验收

1.1.3 钢筋验收

钢筋在施工现场经现场技术人员和质检员验收合格后，报给现场监理单位（业主，甚至有质量监督单位），由现场监理工程师组织验收钢筋，主要结合实际混凝土强度等级、钢筋种类以及建筑抗震等级来确定钢筋的锚固长度。对照施工图纸核对钢筋规格与大小，查验钢筋间距、起点、列距、排距，钢筋锚固长度，保护层垫块、马凳的放置与厚度，轴线是否偏移，梁高、板厚，钢筋搭接位置、搭接率、搭接长度，搭接焊接、套筒连接的质量，箍筋加密区的长度、高度，梁柱节点处的柱箍筋的绑扎质量，主次梁交接处的加强处理，飘板受力钢筋的放置与绑扎，绑扣的质量、数量、方向，洞口侧边、砌体墙下的加强筋。

1.1.4 施工中钢筋的质量

施工中钢筋的质量大致从加工和安装（布置、搭接和锚固长度）两方面进行控制，具体钢筋的锚固长度受钢筋位置和混凝土强度等级的影响。具体参见图集11G101第53页中的受拉钢筋锚固长度，注意还有锚固修正系数。

1.1.5 建筑模板

建筑模板是一种临时性支护结构，按设计要求制作，使混凝土结构、构件按规定的位置、几何尺寸成形，保持其正确位置，并承受建筑模板自重及作用在其上的外部荷载。实施模板工程的目的是保证混凝土工程质量与施工安全、加快施工进度和降低工程成本。使用模板的地坪、胎模等应平整光洁，不得产生影响构件质量的下沉、裂缝、起砂或起鼓。

现浇混凝土结构工程施工用的建筑模板主要由面板、支撑结构和连接件组成。模板工程应编制专项施工方案。滑模、爬模、飞模等工具式模板工程及高大模板支架工程的专项施工方案，应进行技术论证。对模板及支架，应进行设计。模板及支架应具有足够的承载力、刚度和稳定性，应能可靠地承受施工过程中所产生的各类荷载（见图1-5）。模板按施工工艺条件可分为现浇混凝土模板、预组装模板、大模板、跃升模板等。

图1-5 模板及支护结构验收

模板及支架的设计应符合下列规定：模板及支架的结构设计宜采用以概率理论为基础、以分项系数表达的极限状态设计方法；模板及支架的设计计算分析中所采用的各种简化和近似假定，应有理论或试验依据，或经工程验证可行；模板及支架应根据施工期间各种受力状况进行结构分析，并确定其最不利的作用效应组合，如表1-1所示。

最不利的作用效应组合　　　　　　　　　　　表1-1

模板结构类别	最不利的作用效应组合	
	计算承载力	变形验算
混凝土水平构件的底模板及支架	$G_1+G_2+G_3+Q_1$	$G_1+G_2+G_3$
高大模板支架	$G_1+G_2+G_3+Q_1$	$G_1+G_2+G_3$
	$G_1+G_2+G_3+Q_2$	
混凝土竖向构件或水平构件的侧面模板及支架	G_4+Q_3	G_4

注：1. 对于高大模板支架，表中（$G_1+G_2+G_3+Q_2$）的组合用于模板支架的抗倾覆验算；
2. 混凝土竖向构件或水平构件的侧面模板及支架的承载力计算效应组合中的风荷载Q_3只用于模板位于风速大和离地高度大的场合；
3. 表中的"+"仅表示各项荷载参与组合，而不表示代数相加。

模板及支架材料的技术指标应符合国家现行有关标准的规定，模板及支架宜选用轻质、高强、耐用的材料。连接件宜选用标准定型产品。接触混凝土的模板表面应平整，并应具有良好的耐磨性和硬度；清水混凝土的模板面板材料应保证脱模后所需的饰面效果。脱模剂涂于模板表面后，应能有效减小混凝土与模板间的吸附力，应有一定的成模强度，且不应影响脱模后混凝土表面的后期装饰（见图1-6）。

模板及支架的变形限值应符合下列规定：对结构表面外露的模板，挠度不得大于模板构件计算跨度的1/400；对结构表面隐蔽的模板，挠度不得大于模板构件计算跨度的1/250；清水混凝土模板，挠度应满足设计要求；支架的轴向压缩变形值或侧向弹性挠度值不得大于计算高度或计算跨度的1/1000。模板支架的高宽比不宜大于3；当高宽比大于3时，应增设稳定性措施，并应进行支架的抗倾覆验算。模板支架结构钢构件容许长细比见表1-2。

图 1-6 拆模后的表观

模板支架结构钢构件容许长细比　　　　　　表 1-2

构件类别	容许长细比
受压构件的支架立柱及桁架	180
受压构件的斜撑、剪刀撑	200
受拉构件的钢杆件	350

1.1.6 组合式钢模板

组合式钢模板是现代模板技术中具有通用性强、装拆方便、周转次数多等优点的一种"以钢代木"的新型模板，用它进行现浇钢筋混凝土结构施工，可事先按设计要求组拼成梁、柱、墙、楼板的大型模板，整体吊装就位，也可采用散装散拆方法。

1.1.7 铝模板

铝模板是采用铝合金制作的新型建筑模板，是建筑行业新兴起的绿色施工模板，以操作简单、施工快、回报高、环保节能、使用次数多、混凝土浇筑效果好、可回收等特点，被各建筑公司采用。2014年11月27日，在"扩大铝在建筑行业应用高层论坛"上提出要扩大铝模板应用，重点推广铝模板，尽快实施铝模板施工标准等。

底模及其支架拆除时的混凝土强度应符合设计要求，当设计无要求时应符合表1-3的强度要求。

混凝土拆模强度要求　　　　　　表 1-3

构件类型	构件跨度(m)	达到设计的混凝土方体抗压强度标准值的百分率(%)
板	≤2	≥50
	>2,≤8	≥75
	>8	≥100
梁、拱、壳	≤8	≥75
	>8	≥100
悬臂构件	—	≥100

对跨度大于等于4m的现浇钢筋混凝土梁、板，其模板应按设计要求起拱；当设计无

具体要求时起拱高度宜为跨度的 1/1000～3/1000。这是为了减小视觉上梁板因自重和上部荷载导致的下挠，当然也考虑了一定的施工模板因素。跨度过大的梁如果在满足承载力的前提下不考虑挠度的话，梁的挠度会很大，混凝土规范要求满足一定的挠度值，这是正常使用极限状态的要求。

例如：12m 的梁允许挠度值为 40mm，施工时再起拱 24mm，最终下挠值变为 16mm（这是理论值），视觉上就很难感觉出来。梁或板的挠度过大会给人一种不安全的感觉，但事实上在满足承载力的前提下，梁下挠也是安全的。

1.1.8 梁板的起拱

新标准对梁板起拱后截面高度问题作了详细的描述，在模板起拱的同时梁的高度和板的厚度不能减少，不能使构件截面高度受影响，在执行时注意检查梁板在跨中部位侧模的高度。梁的起拱及找平层如图 1-7 所示。

1.1.9 钢筋隐检内容

（1）纵向受力钢筋的品种、规格、数量、位置等（见图 1-8）

纵向受力钢筋机械连接接头及焊接接头连接区段的长度为 35d（d 为纵向受力钢筋的较大直径）且不小于 500mm，凡接头中点位于该连接区段长度内的接头均属于同一连接区段。同一连接区段内，纵向受力钢筋机械连接及焊接的接头面积百

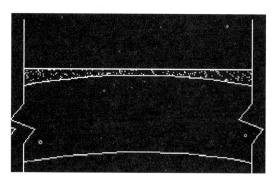

图 1-7 梁的起拱及找平层

分率为该区段内有接头的纵向受力钢筋截面面积与全部纵向受力钢筋截面面积的比值（见图 1-9）。同一连接区段内，纵向受力钢筋的接头面积百分率应符合设计要求；当设计无具体要求时，应符合下列规定：在受拉区不宜大于 50%；接头不宜设置在有抗震设防要求的框架梁端、柱端的箍筋加密区；当无法避开时，对等强度高质量机械连接接头，不应大于 50%；直接承受动力荷载的结构构件中，不宜采用焊接接头；当采用机械连接接头时，不应大于 50%。

（2）箍筋、横向钢筋的品种、规格、数量、间距等（见图 1-8）

图 1-8 钢筋连接方式

图 1-9 钢筋接头率

箍筋也就是通常所说的横向受力筋。箍筋是用来满足斜截面抗剪强度，并连接受力主筋和受压区混凝土的钢筋。分单肢箍筋、开口矩形箍筋、封闭矩形箍筋、菱形箍筋、多边形箍筋、井字形箍筋和圆形箍筋等，如图1-10所示。箍筋的最小直径d与梁高h有关，当$h \leqslant 800mm$时，d不宜小于6mm；当$h > 800mm$时，d不宜小于8mm。梁支座处的箍筋一般从梁边（或墙边）50mm处开始设置。支承在砌体结构上的钢筋混凝土独立梁，在纵向受力钢筋的锚固长度L_{as}范围内应设置不少于两道的箍筋，当梁与混凝土梁或柱整体连接时，支座内可不设置箍筋。用光圆钢筋制成的箍筋，其末端应有弯钩（半圆形、直角形或斜弯钩）。箍筋长度的计算如图1-11所示，箍筋尺寸及弯钢长度要求如图1-12所示。

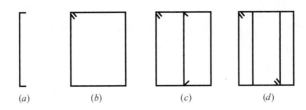

图1-10　箍筋

(a）单肢箍；(b）双肢箍；(c）三肢箍；(d）四肢箍

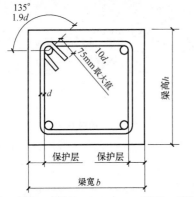

箍筋长度=（梁宽b-保护层×2+2d）×2+（梁高h-保护层×2+2×2d）×2+1.9d×2+max(10d,75mm)×2

图1-11　箍筋长度的计算

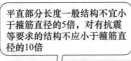

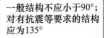

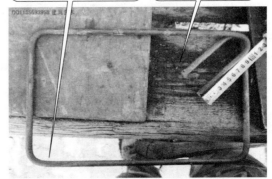

图1-12　箍筋尺寸及弯钩长度

1.1.10　预埋件的规格、数量及位置

预埋件就是事先安装（预埋）在隐蔽工程内的构件，就是在浇筑时安置的构配件，有的固定在模板上，预留孔和预留洞均不得遗漏（见图1-13）。且应安装牢固，其偏差应符合表1-4的规定。

预埋件和预留孔洞的允许偏差	表1-4
项目	允许偏差(mm)
预埋钢板中心线位置	3
预埋管、预留孔中心线位置	3

续表

项目		允许偏差(mm)
插筋	中心线位置	5
	外露长度	+10,0
预埋螺栓	中心线位置	2
	外露长度	+10,0
预留洞	中心线位置	10
	尺寸	+10,0

1.1.11 抗震设防要求

对有抗震设防要求的结构，其纵向受力钢筋的强度应满足设计要求；当设计无要求时，按一、二、三级抗震等级设计的框架和斜撑构件（含梯级）中的纵向受力钢筋应采用HRB335E、HRB400E、HRB500E、HRBF335E、HRBF400E或HRBF500E钢筋，其强度和最大力下总伸长率的实测值应符合下列规定：钢筋的抗拉强度实测值与屈服强度实测的比值不应小于1.25（强屈比），钢筋的屈服强度实测值与屈服强度标准规定值的比值不应大于1.30（超强比），钢筋的最大力下总伸长率不应小于9%。

图 1-13 预埋件成型及安装

(a)　　　　　　　　(b)

图 1-14 抗震钢筋和普通钢筋
(a) 抗震钢筋；(b) 普通钢筋

1.1.12 抗震钢筋

在实际施工中，施工单位和监理单位在读图和审图时，应注意结构抗震等级为一、

二、三级的框架构件和斜撑构件的主筋，在设计无具体要求时，应使用"带 E 钢筋"（见图 1-14）；同时，在进行抗震钢筋见证取样委托送检时，委托单上应注明检测强屈比、超强比和最大力下总伸长率，其检测结果应满足上述要求，才能使用。牌号带 E 的钢筋是专门满足本条"三项"性能要求生产的钢筋。其表面轧有专用标志。见图 1-15，图 1-16。

图 1-15 纵向受力构件

图 1-16 框架和斜撑构件

1.1.13 钢筋的加工

钢筋弯钩和弯弧内直径应符合下列规定：光圆钢筋，不应小于钢筋直径的 2.5 倍；335MPa 级、400MPa 级带肋钢筋，不应小于钢筋直径的 4 倍；500MPa 级带肋钢筋，当钢筋直径为 28mm 以下时，不应小于钢筋直径的 6 倍，当钢筋直径为 28mm 及以上时，不应小于钢筋直径的 7 倍；箍筋弯折处尚不应小于纵向受力钢筋直径。

箍筋、拉筋的末端应按设计要求做弯钩，并应符合以下规定：对一般结构构件，箍筋弯钩的弯折角度不应小于 90°，弯折后平直段长度不应小于箍筋直径的 5 倍；对有抗震设防要求或设计有专门要求的结构构件，箍筋弯钩的弯折角度不应小于 135°，弯折后平直段长度不应小于箍筋直径的 10 倍和 75mm 两者之中的较大值；圆形箍筋的搭接长度不应小于其受拉锚固长度，且两末端均应做不小于 135°的弯钩，弯折后平直段长度对一般结构构件不应小于箍筋直径的 5 倍，对有抗震设防要求的结构构件不应小于箍筋直径的 10 倍和 75mm 两者之中的较大值。

拉筋用作梁、柱复合箍筋中单肢箍筋或梁腰筋拉结筋时，两端弯钩的弯折角度均不应小于 135°，弯折后平直段长度应符合对箍筋的有关规定。直径不应小于钢筋直径的 2.5 倍，弯钩的弯后平直段长度不应小于钢筋直径的 3 倍。

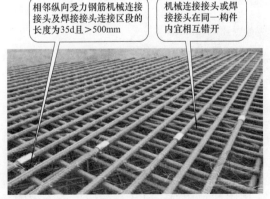

图 1-17 钢筋接头位置及连接区段长度

1.1.14 钢筋连接

当受力钢筋采用机械连接接头或焊接接头时,设置在同一构件内的接头宜相互错开。相邻纵向受力钢筋机械连接接头及焊接接头连接区段的长度为 $35d$（d 为纵向受力钢筋的较大直径）且不小于 500mm,凡接头中点位于该连接区段长度内的接头,均属于同一连接区段(见图 1-17~图 1-19)。在有抗震设防要求的结构中,梁端、柱端钢筋加密区范围内钢筋不应进行搭接。

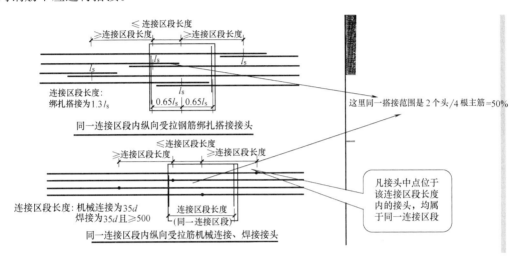

图 1-18 纵向受力钢筋接头允许范围

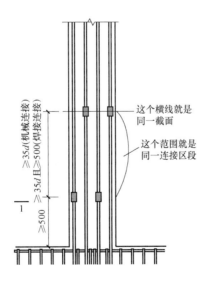

图 1-19 同一连接区段

同一构件中相邻纵向受力钢筋的绑扎搭接接头宜相互错开。绑扎搭接接头中钢筋的横向净距不应小于钢筋直径,且不应小于 25mm。钢筋绑扎搭接接头连接区段的长度为 $1.3L_a$（L_a 为搭接长度）,凡搭接接头中点位于该连接区段长度内的搭接接头均属于同一连接区段(见图 1-20 和图 1-21)。

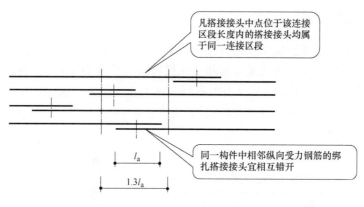

图 1-20 钢筋搭接范围

1.1.15 柱的另一种加强方式

当柱纵筋直径≥25mm 时，在柱宽范围内的柱箍筋内侧设置间距＞150mm，但不少于 3ϕ10 的角部附加钢筋。

1.1.16 钢筋安装

钢筋安装时要全数检查钢筋的牌号、规格、数量，其必须符合设计要求。确保绑扎的钢筋符合设计要求，防止钢筋用错或者数量不够。

1.1.17 钢筋帮扎

墙、柱、梁钢筋骨架中各垂直面钢筋网交叉点应全部扎牢；板上部钢筋网的交叉点应全部扎牢，底部钢筋网除边缘部分外其他部位可间隔交错扎牢；梁及柱中箍筋、墙中水平分布钢筋及暗柱箍筋、板中钢筋距构件边缘的距离宜为 50mm（见图 1-22）。

图 1-21 角柱箍筋的加密

图 1-22 钢筋的绑扎及箍筋的加密

1.1.18 预应力筋

预应力筋应用砂轮锯或切断机切断（见图 1-23），不得采用电弧切割，防止电弧焊时预应力筋与其他钢筋产生打火，造成预应力筋局部损伤，从而导致预应力筋断裂。

图 1-23　切割机

1.1.19 预应力筋张拉或放张

预应力筋张拉或放张时，混凝土强度应符合设计要求；当设计无具体要求时，不应低于设计的混凝土立方体抗压强度标准值的 75%。预应力筋张拉、张放或放张顺序及张拉工艺应符合设计及施工技术方案的要求，并应符合《混凝土结构设计规范》GB 50010—2010 的规定；张拉工艺应能保证同一束钢丝各根预应力筋的应力均匀一致；后张法施工中，当预应力筋采用逐根或逐束张拉时，应保证各阶段不出现对结构不利的应力状态，同时考虑后批张拉预应力筋所产生的结构构件的弹性压缩对先批张拉预应力筋的影响，确定张拉力；先张法预应力筋放张时，宜缓慢放松锚固装置（见图 1-24），使各根预应力筋同时缓慢放松。预应力筋张拉如图 1-25～图 1-27 所示。

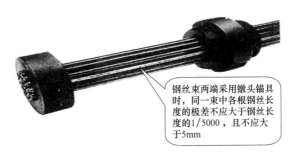

图 1-24　锚具

预应力是在结构使用前，通过先张法或后张法预先对构件混凝土施加的压应力。施加预应力的优点：提高结构的抗裂性、刚度及抗渗性，能够充分发挥材料的性能，节约钢材。缺点：构件的施工、计算及构造较复杂，且延性较差。

常用的预应力筋有钢丝、钢绞线、热处理钢筋等。预应力筋在进场时，应按照国家现行相关标准规定抽取试件做抗拉强度、伸长率检验，其检验结果必须符合国家现行标准规范。《预应力混凝土用钢绞线》GB/T 5224—2014（检验批由同一牌号、同一规格、同一

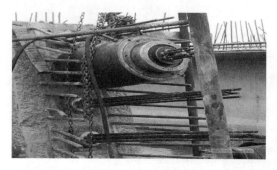

图 1-25　预应力筋张拉

图 1-26　预应力筋后张处理

图 1-27　预应力筋先张处理

生产工艺捻制的钢绞线组成，每批质量不大于 60 吨）、《预应力混凝土用钢丝》GB/T 5223—2014（检验批由同一牌号、同一规格、同一加工状态的钢丝组成，每批质量不大于 60 吨）、《中强度预应力混凝土用钢丝》YB/T 156—1999（检验批由同一牌号、同一规格、同一强度等级、同一生产工艺制作的钢丝组成，每批质量不大于 60t)、《预应力混凝土用螺纹钢筋》GB/T 20065—2006（检验批由同一炉罐号、同一规格、同一交货状态的钢筋组成，每批质量大于 60t 的钢筋，超过 60t 的部分，每增加 40t，增加一个拉伸试样)、《环氧涂层七丝预应力钢绞线》GB/T 21073—2007（检验批由同一公称直径、同一强度级别的预应力钢绞线经同一生产工艺制作的环氧涂层钢绞线组成，每批质量不大于 60t)、《高强度低松弛预应力热镀锌钢绞线》YB/T 152—1999（检验批由同一牌号、同一规格、同一生产工艺的钢绞线组成，每批质量不大于 100t)、《无粘结预应力钢绞线》JG 161—2004（检验批由同一钢号、同一规格、同一生产工艺生产的钢绞线组成，每批质量不大于 60t）等的要求。

预应力筋是预应力分项工程中最重要的额原材料，进场时应根据进场批次和产品的抽样检验方案确定检验批，进行抽样复验。由于厂家提供的预应力筋产品合格证内容与格式不尽相同，为统一及明确有关内容，要求厂家除了提供产品合格证以外，还应提供可以反映预应力筋主要性能的出厂检验报告，两个合并提供。抽检仅做主要的力学性能试验。

1.1.20　预应力筋用锚具、夹具和连接器

预应力筋用锚具、夹具和连接器进场时，应按现行行业标准《预应力筋用锚具、夹具和连接器应用技术规程》JGJ 85—2010 的相关规定进行检验，其检验结果应符合该标准的规定。预应力筋需要代换时，应进行专门的计算，并应经原设计单位确认。

施加预应力时，同条件养护的混凝土立方体抗压强度应符合设计要求，或不应低于设计强度等级值的 75%。

1.1.21 预拌混凝土

无论是预拌混凝土还是现场搅拌混凝土，水泥进场（厂）时，应根据产品合格证检查其品种、级别等，并有序存放，以免造成混料错批（见图 1-28～图 1-30）。水泥的重要性能指标为强度、安定性和凝结时间。并且对这三项指标要复验，其结果应符合现行国家标准《通用硅酸盐水泥》GB 175—2007 的规定，当对水泥质量有怀疑或水泥出场超过 3 个月，或快硬硅酸盐水泥超过 1 个月时，应进行复验并按复验结果使用，按照同一厂家、同一等级、同一品种、同一批号且连续进场（厂）的水泥，袋装不超过 200t 为一批，散装不超过 500t 为一批，每批抽样数量不应少于一次。

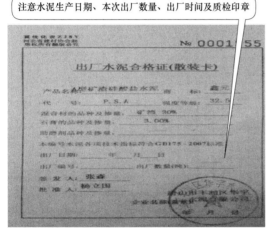

图 1-28 水泥出厂合格证　　图 1-29 水泥出厂试验报告

图 1-30 水泥进场堆放和取样标准

1.1.22 外加剂

按照同一生产厂家、同一等级、同一品种、同一批号且连续进场（厂）的混凝土外加剂，不超过 5t 为一批，每批抽样数量不应少于一次。

1.1.23 矿物掺合料

按照同一生产厂家、同一品种、同一批号且连续进场（厂）的矿物掺合料，袋装不超过

200t 为一批，散装不超过 500t 为一批，硅灰不超过 50t 为一批，每批抽样数量不应少于一次。

1.1.24　混凝土原材料

混凝土原材料中的粗骨料、细骨料质量应符合现行行业标准《普通混凝土 用砂、石质量及检验方法标准》JGJ 52—2006 的规定。

混凝土拌制及养护用水应符合现行行业标准《混凝土用水标准》JGJ 63—2006 的规定；采用饮用水作为混凝土用水时，可不检验；采用中水、搅拌站清洗水、施工现场循环水等其他水源时，应对其成分进行检验。未经处理的海水严禁用于钢筋混凝土和预应力混凝土拌制和养护。

1.1.25　混凝土试件强度评定

当混凝土试件强度评定不合格时，可采用非破损或局部破损的检测方法，按现行国家标准《混凝土结构工程施工质量验收规范》GB 50204—2015 的规定对结构构件中的混凝土强度进行推定，并作为处理的依据。采用混凝土回弹仪测混凝土强度如图 1-31 所示，混凝土钻芯取样如图 1-32 所示。

图 1-31　混凝土回弹仪测混凝土强度

图 1-32　混凝土钻芯取样

1.1.26　混凝土试件取样与留置

（1）每拌制 100 盘且不超过 100m³ 的同配合比的混凝土，取样不得少于一次；

（2）每工作班拌制的同一配合比的混凝土不足 100 盘时，取样不得少于一次；

（3）当一次连续浇筑超过 1000m³ 时，同一配合比的混凝土每 200m³，取样不得少于一次；

（4）每一楼层、同一配合比的混凝土，取样不得少于一次；

（5）每次取样应至少留置一组标准养护试件，同条件养护试件的留置组数应根据实际需要确定。

1.1.27　混凝土试模

混凝土抗压试模为 150×150×150 或者 100×100×100 立方体；混凝土抗冻试模为 100×100×400 棱柱体；混凝土抗渗试模为 $\phi175\times\phi185\times h150$ 圆台体；混凝土弹性模量试模为圆柱体（$\phi150\times300$）和长方体（150×150×300）（单位为 mm）。ABS 塑料试模和铸铁试模如图 1-33 所示。

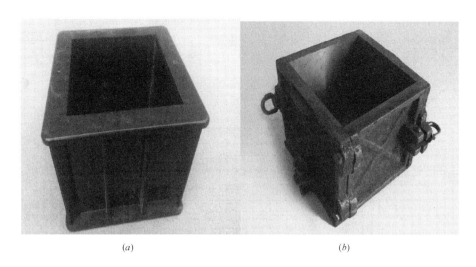

图 1-33 混凝土试模
(a) ABS 塑料试模；(b) 铸铁试模

1.1.28 混凝土浇筑

针对不同混凝土浇筑量，规定试件制作数量是满足设计要求龄期所做的，如需 3d、7d、14d 等过程质量控制试件，可根据实际情况自行确定。

1.1.29 混凝土的抗冻要求

对有抗冻要求的混凝土，应在施工现场检查混凝土含气量，其质量应符合有关规范和设计要求，同一工程、同一配合比的混凝土，取样不少于一次，留置数量应符合现行国家标准《普通混凝土拌合物性能试验方法标准》GB/T 50080—2002 的规定。

1.1.30 钢筋搭接长度

两根直径不同的钢筋搭接长度，以较细钢筋的直径计算。纵向受拉钢筋的最小搭接长度见表 1-5。搭线位置等见图 1-34～图 1-36。

纵向受拉钢筋的最小搭接长度 表 1-5

钢筋类型		混凝土强度等级			
		C15	C20～C25	C30～C35	≥C40
光圆钢筋	HPB(Ⅰ)级	45d	35d	30d	25d
带肋钢筋	HRB(Ⅱ)级	55d	45d	35d	30d
	HRB400(Ⅲ)级、RRB400(Ⅲ)级	—	55d	40d	35d

注：d 为较细钢筋的直径。

1.1.31 钢筋搭接接头面积百分率

位于同一连接区段内受拉钢筋搭接接头面积百分率：对梁类、板类及墙类构件，不宜大于 25%；对柱类构件不宜大于 50%。当工程中确有必要增大受拉钢筋搭接接头面积百分率时，对梁类构件不宜大于 50%；对板、墙、柱及预制构件的拼接处，可根据实际情况放宽。当钢筋采用绑扎搭接时，应按每根钢筋错开搭接的方式连接。接头面积百分率应按同一连接区段内所有的单根钢筋计算。并筋中钢筋的搭接长度应按单筋分别计算。

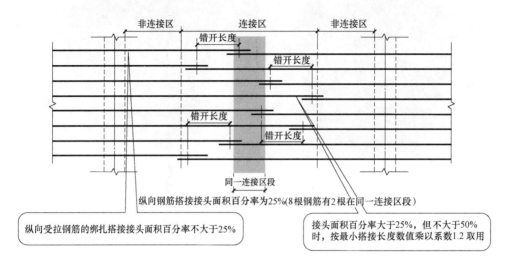

图 1-34　钢筋搭接位置

图 1-35　接头面积百分率大于 50%

图 1-36　纵向受力最小锚固长度

1.1.32　混凝土试件的养护

同条件养护是指混凝土试件的养护与结构的养护条件一致。同条件养护试件拆模后，应放置在靠近相应结构构件或结构部位的适当位置（见图 1-37），且加以保护，并应采取相同的养护方法。

等效养护龄期是指试件在同条件养护情况下计算的龄期与标养 28d 龄期试件强度相

等。等效养护龄期应根据同条件养护试件强度与在标准养护条件下28d龄期试件强度相等的原则确定。

图1-37 同条件养护试件

1.1.33 受力钢筋保护层

梁类、板类构件上部纵向受力钢筋保护层厚度的合格点率应达到90%及以上，同时对钢筋安装的允许偏差做出了规定，增加了锚固长度偏差值的检查。其中按现行国家标准《混凝土结构设计规范》GB 50010—2010的规定，箍筋和受力主筋的保护层应分别满足最小保护层要求和不小于受力主筋直径的要求。增加了锚固长度偏差的检验，并规定允许负偏差不大于20mm。

1.1.34 钢筋保护层厚度检验

钢筋保护层厚度检验的结构部位，应由监理（建设）、施工等各方根据结构构件的重要性共同选定；钢筋保护层厚度检验的结构部位和构件数量，应符合下列要求：

（1）对梁类、板类构件应各抽取构件数量的2%，且不少于5个构件进行检验（见图1-38）；当有悬挑构件时，抽取的构件中悬挑梁类、板类构件所占比例均不宜小于50%。对选定的梁类构件，应对全部纵向受力钢筋的保护层厚度进行检验；对选定的板类构件，应抽取不少于6根纵向受力钢筋的保护层厚度进行检验。对每根钢筋应选择有代表性的不同部位量测3点取平均值。

（2）钢筋保护层厚度的检验，可采用非破损或局部破损的方法，也可采用非破损方法并用局部破损方法进行校准。当采用非破损方法检验时，所使用的检测仪器应经过计量检验，检测操作应符合相应规程的规定，钢筋保护层厚度检验的检测误差不应大于1mm。

（3）钢筋保护层厚度验收合格应符合下列规定：

当全部钢筋保护层厚度检验的合格率为90%及以上时，钢筋保护层厚度的检验结果应判为合格；当全部钢筋保护层厚度检验的合格率小于90%但不小于80%时，可再抽取相同数量的构件进行检验；当按两次抽样总和计算的合格率为90%及以上时，钢筋保护层厚度的检验结果仍应判为合格；每次抽样检验结果中不合格点的最大偏差均不应大于：对梁类构件为+10mm，-7mm；对板类构件为+8mm，-5mm（见图1-39）。钢筋保护层厚度控制措施：合理使用垫块可以保证钢筋及箍筋不位移、不下沉，钢筋下料准确。见图1-40、图1-41。

图 1-38 墙体保护层厚度检测

图 1-39 梁部保护层厚度检测

图 1-40 钢筋保护层混凝土垫块

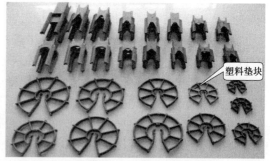

图 1-41 钢筋保护层塑料垫块

1.2 混凝土结构工程施工规范

《混凝土结构工程施工规范》现行版本为 GB 50666—2011，自 2012 年 8 月 1 日开始执行。为在混凝土结构工程施工中贯彻国家技术经济政策，保证工程质量，做到技术先进、工艺合理、节约资源和保护环境而制定的规范。适用于建筑工程混凝土结构的施工，不适用于轻骨料混凝土及特殊混凝土的施工。

1.2.1 结构施工前准备

混凝土结构施工前,应根据结构类型、特点和施工条件,确定施工工艺,并应做好各项准备工作。对体形复杂、体量庞大或层数较多、跨度较大、地基情况复杂及施工环境条件特殊的混凝土结构,宜进行施工过程监测,并应及时调整施工控制措施。混凝土结构施工中采用的专利技术,不应违反本规范的有关规定。混凝土结构施工应采取有效的环境保护措施。

1.2.2 隐蔽工程验收

在混凝土结构施工过程中,对隐蔽工程(模板工程和钢筋工程)应进行验收,对重要工序和关键部位应加强质量检查或进行测试,并应做出详细记录,同时宜留存图像资料。施工中为各种检验目的所制作的试件应具有真实性和代表性,并应符合下列规定:所有试件均应及时进行唯一性标识;混凝土试件的抽样方法、抽样地点、抽样数量、养护条件、试验龄期应符合现行国家标准《混凝土结构工程施工质量验收规范》GB 50204—2015、《混凝土强度检验评定标准》GB/T 50107—2010 的规定;其制作要求、试验方法应符合现行国家标准《普通混凝土力学性能试验方法标准》GB/T 50081—2002 等的规定。混凝土结构工程施工中的安全措施、劳动保护、防火要求等,应符合国家现行有关标准的规定。

(1)当采用碗扣式、插接式和盘销式钢管架(见图 1-42)搭设模板支架时,应符合下列规定:碗扣架或盘销架的水平杆与立柱的扣接应牢靠,不应滑脱;立杆上的上、下层水平杆间距不应大于 1.8m;插入立杆顶端的可调托座伸出顶层水平杆的悬臂长度不应超过 650mm,螺杆插入钢管的长度不应小于 150mm,其直径应满足与钢管内径间隙不小于 6mm 的要求。架体最顶层的水平杆步距应比标准步距缩小一个节点间距;立柱间应设置专用斜杆或扣件钢管斜杆加强模板支架。

(2)当采用扣件式钢管作高大模板支架的立杆时(见图 1-43),支架搭设应完整,并应符合下列规定:钢管规格、间距和扣件应符合设计要求;立杆上应每步设置双向水平杆,水平杆应与立杆扣接;立杆底部应设置垫板。

(3)对大尺寸混凝土构件下的支架,其立杆顶部应插入可调托座。可调托座距顶部水平杆的高度不应大于 600mm,可调托座螺杆外径不应小于 36mm,插入深度不应小于 150mm;立杆的纵、横向间距应满足设计要求,立杆的步距不应大于 1.8m;顶层立杆步距应适当减小,且不应大于 1.5m;支架立杆的搭设垂直偏差不宜大于 5/1000,且不应大于 100mm;在立杆底部的水平方向上应按

图 1-42 碗扣式、插接式和盘销式钢管架

纵下横上的次序设置扫地杆；承受模板荷载的水平杆与支架立杆连接的扣件，其拧紧力矩不应小于40N·m，且不应大于65N·m。

（4）当采用门式钢管架搭设模板支架时（见图1-44），应符合下列规定：支架应符合现行行业标准《建筑施工门式钢管脚手架安全技术规范》JGJ 128—2010的有关规定；当支架高度较高或荷载较大时，宜采用主立杆钢管直径不小于48mm并有横杆加强杆的门架搭设。

图1-43　扣件式支架　　　　　　图1-44　门式支架

1.2.3　混凝土的运输

（1）混凝土结构施工宜采用预拌混凝土，预拌混凝土要符合现行国家标准《预拌混凝土》GB/T 14902—2012的规定，现场搅拌的混凝土宜采用具有自动计量装置的设备集中搅拌，同时搅拌机应符合现行国家标准《混凝土搅拌机》GB/T 9142—2000的要求。混凝土运输宜采用搅拌运输车运输，运输车辆应符合国家规定，且保证运输过程中混凝土拌合物的均匀性和工作性；同时要采取连续供应的措施，以满足现场施工需要。

（2）接料前，搅拌运输车应排净罐内积水；在运输途中及等候卸料时，应保持搅拌运输车罐体正常转速，不得停转；卸料前，搅拌运输车罐体宜快速旋转搅拌20s以上后再卸料（见图1-45）。

图1-45　混凝土运输及卸料

（3）采用预拌混凝土时，供方应提供混凝土配合比通知单、混凝土抗压强度报告、混凝土质量合格证和混凝土运输单；当需要其他资料时，供需双方应在合同中明确约定。预拌混凝土质量控制资料的保存期限，应满足工程质量追溯的要求。

1.2.4　粗骨料的选用

粗骨料宜选用粒形良好、质地坚硬的洁净碎石或卵石，并应符合下列规定：最大粒径不应超过构件截面最小尺寸的1/4，且不应超过钢筋最小净间距的3/4；对实心混凝土板，粗骨料的最大粒径不宜超过板厚的1/3，且不应超过40mm。粗骨料宜采用连续粒级，也可用单粒级组合成满足要求的连续粒级；含泥量、泥块含量指标应符合《混凝土结构工程施工规范》GB 50666—2011 附录 F 规定。

1.2.5　细骨料的选用

细骨料宜选用级配良好、质地坚硬、颗粒洁净的天然砂或机制砂，并应符合下列规定：细骨料宜选用Ⅱ区中砂；当选用Ⅰ区砂时，应提高砂率。并应保持足够的胶凝材料用量，满足混凝土的工作性要求；当采用Ⅲ区砂时，宜适当降低砂率。混凝土细骨料中氯离子含量应符合下列规定：对钢筋混凝土，按干砂的质量百分率计算不得大于 0.06%；对预应力混凝土，按干砂的质量百分率计算不得大于 0.02%；含泥量、泥块含量指标应符合 GB 50666—2011 附录 F 规定；海砂应符合现行行业标准《海砂混凝土应用技术规范》JGJ 206—2010 的有关规定，未经处理的海水严禁用于钢筋混凝土和预应力混凝土拌制和养护。

1.2.6　常用的混凝土养护

常用的混凝土养护目的：混凝土浇注完成后，如天气炎热或者空气干燥，混凝土水分蒸发过快就会形成脱水现象，使胶凝体的水泥颗粒不能充分水化，不能转化为稳定的结晶，缺乏足够的黏结力，从而会在混凝土表面出现片状或粉状脱落。此外，在混凝土尚未具备足够的强度时，水分过早的蒸发还会产生较大的收缩变形，出现干缩裂纹。所以混凝土浇筑完成后初期阶段的养护非常重要，混凝土终凝后应立即进行养护，干硬性混凝土应于浇筑完毕后立即进行养护。

1.2.7　混凝土养护的重点

混凝土养护的重点是加强混凝土的湿度和温度控制，尽量减少表面混凝土的暴露时间，应及时对其表面进行覆盖（见图 1-46、图 1-47）或者涂刷养护剂，防止表面水分蒸发，同时在初凝前应卷起覆盖物用抹子压表面至少 2 遍，平整后再次覆盖。冬季应注意混凝土的保温措施和养护。如果养护不到位会出现裂缝（见图 1-48）。

图 1-46　浇筑完成后用养护膜覆盖养护

图 1-47　浇筑完成后用草帘覆盖养护

采用硅酸盐水泥、普通硅酸盐水泥或矿渣硅酸盐水泥配制的混凝土养护时间不应少于 7d；采用其他品种水泥混凝土时，养护时间应延长至 14d（见图 1-49）。

图 1-48 浇筑完成后养护不到位的效果　　图 1-49 混凝土养护时间

1.2.8 坍落度的检验

混凝土拌合物工作性能应检验其坍落度，检验应符合下列规定：坍落度的检验方法应符合现行国家标准《普通混凝土拌合物性能试验方法标准》GB/T 50080—2002 的有关规定；坍落度的允许偏差应符合表 1-6 的规定；预拌混凝土的坍落度检查应在交货地点进行；坍落度大于 220mm 的混凝土，可根据需要测定其坍落扩展度，扩展度的允许偏差为 30mm。

坍落度允许偏差（mm）　　　　　　　　　　　　　表 1-6

设计值(mm)	≤40	50～90	≥100
允许偏差(mm)	±10	±20	±30

坍落度的测试方法：用一个上口 100mm、下口 200mm、高 300mm 喇叭状的坍落度桶（见图 1-50），灌入混凝土后捣实，灌入的混凝土必须是没有被振动棒振捣过的，分 3 层装满，每层 1/3 高度，每层由人工用捣棍螺旋式插捣 25 次。最后一下在中心，最后一层插捣后抹平，然后匀速拔起桶，混凝土因自重产生坍落现象，用桶高（300mm）减去坍落后混凝土最高点的高度，称为坍落度。如果差值为 10mm，则坍落度为 10。在做的过程中要踏紧坍落度桶的踏板，不得松动。坍落度测完后，用捣棍轻敲混凝土一侧，看黏聚性好不好，然后目测有无泌水，用泥刀抹面，看含砂浆程度怎样。

1.2.9 混凝土浇筑前的工作

混凝土浇筑前应完成下列工作：
（1）隐蔽工程验收和技术复核；
（2）对操作人员的技术交底；
（3）根据方案的技术要求，检查且确认施工现场实际施工条件是否具备；
（4）施工单位要填报浇筑申请单，并经监理单位确认。

1 与混凝土施工有关的规范

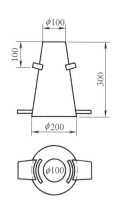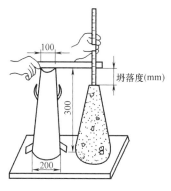

图 1-50 坍落度桶及坍落度实验

1.2.10 混凝土输送方式

混凝土输送宜采用泵送方式（见图 1-51）。输送混凝土的管道、容器、溜槽不应吸水、漏浆，并应保证输送通畅。输送混凝土时应根据工程所处环境条件采取保温、隔热、防雨等措施。混凝土输送泵的选择及布置应符合下列规定：输送泵的选型应根据工程特点、混凝土输送高度和距离、混凝土工作性能确定；输送泵的数量应根据混凝土浇筑量和施工条件确定，必要时宜设置备用泵；输送泵设置的位置应满足施工要求，场地应平整、坚实，道路应畅通；混凝土输送泵管的选择与支架的设置应符合下列规定：

（1）先湿润管道和活塞，然后输送砂浆润滑后开始输送混凝土（见图 1-52）。

图 1-51 泵送混凝土浇筑　　　　　图 1-52 混凝土浇筑前的润管工作

（2）混凝土输送泵管应根据输送泵的型号、拌合物性能、总输出量、单位输出量、输送距离以及粗骨料粒径等进行选择。

(3) 混凝土粗骨料最大粒径不大于 25mm 时，可采用内径不小于 125mm 的输送泵管；混凝土粗骨料最大粒径不大于 40mm 时，可采用内径不小于 150mm 的输送泵管。

(4) 输送泵管安装接头应严密，输送泵管转向宜平缓。

(5) 输送泵管应采用支架固定，支架应与结构牢固连接，输送泵管转向处支架应加密。支架应通过计算确定，必要时还应对设置位置的结构进行验算。

(6) 垂直向上输送混凝土时，地面水平输送泵管的直管和弯管总的折算长度不宜小于垂直输送高度的 0.2 倍，且不宜小于 15m。

(7) 输送泵管倾斜或垂直向下输送混凝土，且高差大于 20m 时，应在倾斜或垂直管下端设置直管或弯管，直管或弯管总的折算长度不宜小于高差的 1.5 倍。

(8) 垂直输送高度大于 100m 时，混凝土输送泵出料口处的输送泵管位置应设置截止阀。

图 1-53 混凝土布料机

(9) 混凝土输送泵管及其支架应经常进行过程检查和维护。

(10) 混凝土布料机（见图 1-53）是泵送混凝土的末端设备，其作用是将泵压来的混凝土通过管道送到要浇筑构件的模板内。注意布料机下面支撑体系的受力按不小于 $4kN/m^2$ 考虑。

(11) 混凝土浇筑前首先清除杂物，干燥的地基、模板和垫层要洒水湿润，当现场温度高于 35℃ 时需对金属模板洒水降温，且不能有积水。为了保证混凝土的均匀性和密实性，应当一次性连续浇筑，如果不能一次性连续浇筑，可留施工缝或后浇带分块浇筑。大体积混凝土浇筑将在后面章节继续详细说明。

1.2.11 混凝土有强度差时浇筑办法

柱、墙混凝土设计强度比梁、板混凝土设计强度高两个等级及以上时，应在交界区域采取分隔措施。分隔位置应在低强度等级的构件中，且距高强度等级构件边缘不应小于 500mm；高一个等级时原则上经设计同意，可采用高强度混凝土浇筑低强度部位，或者遵循强度高两级的施工方法（见图 1-54）。宜先浇筑高强度等级混凝土，后浇筑低强度等级混凝土。

混凝土的振捣应使模板内各个部位的混凝土密实、均匀，不应漏振、欠振或者过振。振捣棒按照分层浇筑分层振捣原则工作，插入深度不小于 50cm。执行快插慢拔均匀振捣，表面无塌陷、无气泡且有水泥浆出现时，可以结束该部位的振捣（见图 1-55）。振捣棒与模板的距离不应大于振动半径的 0.5 倍，振捣插点间距不应大于有效振幅半径的 1.4 倍。

平面振捣器应符合振捣平面无死角无遗漏，振捣斜面时应由低处向高处进行。

附着振捣器在振捣时应与模板紧密连接，设置间距应通过实验确定。附着振捣器应按照混凝土浇筑高度按照速度依次从上往下振，如有多台机器同时作业时，应使各振捣器的

图 1-54 梁板墙柱混凝土浇筑

频率一致，交错放在对面的模板上。

特殊部位应加强振捣。如预留洞口、边角、坡脚、坡顶及后浇带。

图 1-55 混凝土浇筑和振捣

1.3 混凝土质量控制标准

为了加强混凝土质量控制，促进混凝土技术进步，确保混凝土工程质量，制定的《混凝土质量控制标准》GB 50164—2011，自 2012 年 5 月 1 日开始实施。因为混凝土质量控制是工程建设的重要环节。适用于建设工程的普通混凝土，密度控制在 $2.0\sim2.8t/m^3$，含现浇及预制混凝土，一些特殊作业混凝土除外。

混凝土质量控制首先从原材料做起，水泥、砂、骨料和相关的添加剂（矿物掺合料和外加剂）。要按照《混凝土结构工程施工质量验收规范》GB 50204—2015 严格执行，对于高强混凝土，粗骨料的岩石强度应至少比混凝土设计强度高 30%，最大粒径不宜大于 25mm，针片状颗粒含量不宜大于 5% 且不应大于 8%；含泥量和泥块的含量分别不应大于 0.5% 和 0.2%。

混凝土等级划分是按标准方法制作和养护的边长为 150mm 的立方体试件在 28d 龄期用标准试验方法测得的具有 95% 保证率的抗压强度值（单位 MPa）。这个概念是《混凝土结构设计规范》GB 50010—2010 界定的。

其次要控制原材料的计量偏差，原材料的计量，应根据粗细骨料含水率的变化，及时调整骨料和拌合水的质量。

当然也和混凝土的搅拌有关系，现在混凝土搅拌采用强制式搅拌机，搅拌机应符合国家标准《混凝土搅拌机》GB/T 9142—2000 的规定。混凝土搅拌时原材料投料顺序及其间隔时间也会影响混凝土的质量。

最后搅拌时间有着决定性作用，搅拌时间指的是全部材料装入搅拌桶到开始卸料为止的时间。混凝土搅拌匀质检验方法：①混凝土中砂浆密度两次测值的相对误差不大于0.8%；②混凝土稠度两次测量的差值不大于表 1-7 规定的混凝土拌合物允许偏差的绝对值。见表 1-7 及图 1-56。

混凝土拌合物维勃稠度允许偏差　　　　　　　　表 1-7

设计值(s)	≥11	10～6	≤5
允许偏差(s)	±3	±2	±1

运输。在运输过程中混凝土不离析、不分层，并应保证混凝土拌合物性能满足施工要求。搅拌运输车是控制混凝土拌合物性能稳定的主要运输工具。混凝土拌合物从搅拌机卸出至施工现场接收的时间间隔不宜大于 90min。见图 1-57。

图 1-56　混凝土搅拌站　　　　　　　　图 1-57　泵车输送混凝土

浇筑成型。检查模板支架的尺寸、规格、数量和位置，保证模板的稳定性、接缝的严密性，保证模板不漏浆、不失稳和不跑模。同时也要控制混凝土入模温度，温度过高对混凝土硬化过程有影响，控制难度变大，所以应避免高温条件浇筑混凝土。冬期施工也要保证混凝土拌合物入模温度不低于 5℃，要采用保温措施，温度太低对水泥水化和混凝土强度发展不利且易被冻伤。当然保证混凝土的均匀密实和整体性是混凝土浇筑质量的控制目标。见图 1-58。

不同配合比或者不同强度等级的泵送混凝土在同一时间段交替浇筑时，原则上可以将混合部分浇筑在低等级部位。当拌合物自由倾落高度大于 3m 时，要采用传统溜管（槽）等辅助设备，以防止离析。

1 与混凝土施工有关的规范

图 1-58 泵送混凝土浇筑

1.4 混凝土强度检验评定标准

为了统一混凝土强度的检验评定方法，保证混凝土强度符合混凝土工程质量的要求，制定本标准。本标准适用于混凝土强度的检验评定，除应符合本标准（《混凝土强度检验评定标准》GB/T 50107—2010）的有关规定外，尚应符合国家现行有关标准的其他规定。

1.4.1 混凝土取样

混凝土取样应符合下列规定：每 100 盘或 100m³ 时取样一次；不足 100 盘和 100m³ 时取样一次；超过 1000m³ 时，每 200m³ 取样不应少于一次；那么一次性连续浇筑 1000m³ 编者认为取样 5 次。每次取样应至少制作一组标准养护试件。如图 1-59 所示。

混凝土试件的立方体抗压强度试验应根据现行国家标准《普通混凝土力学性能试验方法标准》GB/T 50081—2002 的规定执行，3 个试件强度的算术平均值作为每组试件的强度代表值；当一组试件中强度的最大值或最小值与中间值之差超过中间值的 15% 时，取中间值作为该组试件的强度代表值，当最大值和最小值与中间值之差均超过中间值 15% 时，该组试件的强度不应作为评定的依据。混凝土试件养护如图 1-60～图 1-62 所示。

当采用非标准尺寸试件时，应将其抗压强度乘以尺寸折算系数，折算成边长为 150mm 的标准尺寸试件抗压强度。尺寸折算系数按下列规定采用：当混凝土强度等级低于 C60 时，对边长为 100mm 的立方体试件取 0.95，对边长为 200mm 的立方体试件取 1.05；当混凝土强度等于不低于 C60 时，宜采用标准尺寸试件；使用非标准尺寸试件时，尺寸折算系数应由试验确定，其试件数量不应少于 30 对组。

1.4.2 混凝土的评定方法

混凝土的评定方法有两种，即统计方法和非统计方法。当连续生产的混凝土，生产条件在较长时间内保持一致，且同一品牌、同一强度等级混凝土的强度变异性保持稳定时，按统计方法进行评定进行评定。一个检验批的样本容量应为连续的 3 组试件，其强度应同时符合下列规定：

$$m_{f_{cu}} \geqslant f_{cu,k} + 0.7\sigma_0 \tag{1-1}$$

$$f_{cu,min} \geqslant f_{cu,k} - 0.7\sigma_0 \tag{1-2}$$

图 1-59　混凝土试件取样　　　　　图 1-60　混凝土标养室

图 1-61　同条件养护 1　　　　　　图 1-62　同条件养护 2

检验批混凝土立方体抗压强度的标准差，应根据前一个检验期内同一品种混凝土试件的强度数据计算：

$$\sigma_0 = \sqrt{\frac{\sum_{i=1}^{n} f_{cu,i}^2 - n m_{f_{cu}}^2}{n-1}} \quad (1-3)$$

当混凝土强度等级不高于 C20 时，其强度的最小值尚应满足下式要求：

$$f_{cu,min} \geqslant 0.85 f_{cu,k} \quad (1-4)$$

当混凝土强度等级高于 C20 时，其强度的最小值尚应满足下式要求：

$$f_{cu,min} \geqslant 0.90 f_{cu,k} \tag{1-5}$$

式中 $m_{f_{cu}}$——同一检验批混凝土立方体抗压强度的平均值（N/mm²），精确到 0.1N/mm²；

$f_{cu,k}$——混凝土立方体抗压强度标准值（N/mm²），精确到 0.1N/mm²；

σ_0——检验批混凝土立方体抗压强度的标准差（N/mm²），精确到 0.01N/mm²；当检验批混凝土强度标准差 σ_0 计算值小于 2.5N/mm² 时，应取 2.5N/mm²；

$f_{cu,i}$——前一检验期内同一品种、同一强度等级的 i 组混凝土试件的立方体抗压强度代表值（N/mm²），精确到 0.1N/mm²；该检验期不应小于 60d，也不得大于 90d；

n——前一检验期内样本容量，在该期间内样本容量不应少于 45 组；

$f_{cu,min}$——同一检验批混凝土立方体抗压强度的最小值（N/mm²），精确到 0.1N/mm²。

当样本容量不少于 10 组时，其强度应同时满足下列要求：

$$m_{f_{cu}} \geqslant f_{cu,k} + \lambda_1 S_{f_{cu}} \tag{1-6}$$

$$f_{cu,min} \geqslant \lambda_2 f_{cu,k} \tag{1-7}$$

同一检验批混凝土立方体抗压强度的标准差应按下式计算：

$$S_{f_{cu}} = \sqrt{\frac{\sum_{i=1}^{n} f_{cu,i}^2 - n m_{f_{cu}}^2}{n-1}} \tag{1-8}$$

式中 $S_{f_{cu}}$——同一检验批混凝土立方体抗压强度的标准差（N/mm²），精确到 0.01N/mm²；当检验批混凝土强度标准差 $S_{f_{cu}}$ 计算值小于 2.5N/mm² 时，应取 2.5N/mm²；

λ_1、λ_2——合格判定系数，按表 1-8 取用；

n——本检验期内的样本容量。

合格判定系数 λ_1、λ_2 取值　　　　　　表 1-8

试件组数	10～14	15～19	≥20
λ_1	1.15	1.05	0.95
λ_2	0.90	0.85	

1.4.3 混凝土的配合比

同一品种的混凝土生产，在较长的时期内，通过质量管理，维持基本相同的生产条件，即使有所变化，也能很快予以调整而恢复正常。由于这类生产状况，能使每批混凝土强度的变异性基本稳定，每批的强度标准差可根据前一时期生产累计的强度数据确定。符合以上情况时，采用标准差已知方案。一般来说，预制构件生产可以采用标准差已知方案。

1.4.4 标准差的计算

标准差的计算方法由原极差估计法改为定义式计算法。两种方法估计总体标准差都是正确的,但是极差估计法相对粗糙些。同时,当计算得出的标准差小于2.5MPa时,取值为2.5MPa。建筑工程一般不适用这一评定方法验收。当用于评定的样本容量小于10组时,应采用非统计方法评定混凝土强度,按非统计方法评定混凝土强度时,其强度应同时符合下列规定:

$$m_{f_{cu}} \geqslant \lambda_3 f_{cu,k} \tag{1-9}$$

$$f_{cu,min} \geqslant \lambda_4 f_{cu,k} \tag{1-10}$$

式中 λ_3、λ_4——合格评定系数,按表1-9取用。

合格评定系数 λ_3、λ_4 取值 表1-9

混凝土强度等级	<C60	≥C60
λ_3	1.15	1.10
λ_4	0.95	

1.4.5 混凝土的检验评定

应用统计方法对混凝土强度进行检验评定时,取样频率是保证预期检验效率的重要因素,为此规定了抽样的频率。

1.5 大体积混凝土施工规范

1.5.1 大体积混凝土的定义

大体积混凝土是指最小几何尺寸不小于1m的大体量混凝土,或预计会因混凝土中胶凝材料水化引起的温度变化和收缩而导致有害裂缝产生的混凝土。大体积混凝土在施工中常用跳仓法施工,跳仓法是将超长的混凝土体分为若干小块体间隔施工,经过短期的应力释放,再将若干个小块体连成整体,依靠混凝土抗拉强度抵抗下一段的温度收缩应力的一种施工方法。大体积混凝土置于岩石类地基上时,宜在混凝土垫层上设置滑动层。

超长大体积混凝土施工时,为防止结构出现裂缝,一般采用以下方法控制:留置变形缝、后浇带施工和跳仓法施工(最大分块不宜大于40m,间隔时间不应大于7d,跳仓接缝按照施工缝要求处理)。大体积混凝土浇筑及分层浇筑分别如图1-63和图1-64所示。

1.5.2 大体积混凝土施工技术准备工作

在大体积混凝土施工前应做好以下技术准备工作:浇筑前对图纸的会审,同时提出施工阶段的综合抗裂措施,制定作业指导书;在模板和支架、钢筋工程、预埋管件等工作完成并验收合格的基础上进行。保证工程按时保质完成。溜槽大体积混凝土施工如图1-65所示。

图1-63 大体积混凝土浇筑

图1-64 大体积混凝土分层浇筑

图1-65 溜槽大体积混凝土施工

1.5.3 大体积混凝土的养护

混凝土的养护除应按普通混凝土进行常规养护外,尚应及时按温控技术措施的要求进行保温养护,并应符合下列规定:专人养护,并做好养护记录,养护时间不得少于14d,检查塑料薄膜或养护剂涂层的完整情况,保持表面湿润。保温覆盖层的拆除应分层逐步进行,当混凝土的表面温度与环境温度最大温差小于20℃时,可全部拆除。混凝土浇筑完初凝前,宜立即进行喷雾养护工作。大体积混凝土拆模后地下结构应及时回填土,地上结构应尽早装饰不宜长期暴露在自然环境中。大体积混凝土养护如图1-66~图1-68所示。

1.5.4 混凝土的降温和保温

混凝土由最高温度降至气温的时间越长,在这段时间内混凝土的强度增长也越多,尤其是抗拉强度的不断增长,使得混凝土浇筑体抗开裂能力逐渐加强;此外,降温时间较长,还可以利用混凝土的徐变来降低开裂的风险(见图1-69)。

图1-66 大体积混凝土养护1

图1-67 大体积混凝土养护2

图1-68 大体积混凝土覆盖养护

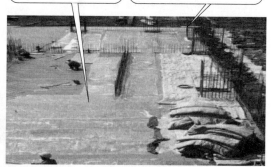

图1-69 大体积混凝土二次收面

1.5.5 分层连续浇筑

分层连续浇筑施工(见图1-70)的特点:一是混凝土一次需要量相对较少,便于振捣,易保证混凝土的浇筑质量;二是可利用混凝土面层散热,对降低大体积混凝土浇筑体的温升有利;三是可确保结构的整体性。

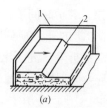
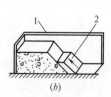
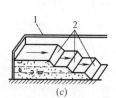

图1-70 整体分层连续浇筑施工

(a) 全面分层;(b) 斜面分层;(c) 分段分层

1—模板 2—新浇筑混凝土

分层推移式连续浇筑就是分成若干层浇筑，但是每一层都不完全浇筑到头，下一层浇筑一部分后，回头浇筑上一层，逐步形成阶梯形浇筑层次，这种大体积混凝土的分层推移式连续浇筑施工也要求沿长边进行。如图1-71所示。

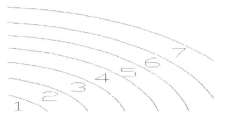

图1-71　分层推移式连续浇筑施工

大体积模板和支架系统在安装、使用和拆除过程中，必须采取防倾覆的临时固定措施。后浇带或跳仓法留置的竖向施工缝，宜用钢板网、铁丝网或小板条拼接支模，也可用快易收口网进行支挡；后浇带的垂直支架系统宜与其他部位分开。如图1-72所示。大体积混凝土有条件时宜适当延迟拆模时间，拆模后，应采取预防寒流袭击、突然降温和剧烈干燥等措施。当模板作为保温养护的一部分时，其拆模时间应根据本规范规定的温控要求确定。

图1-72　模板的隔离装置和防倾覆措施

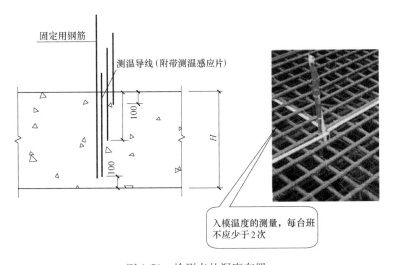

图1-73　检测点的深度布置

大体积混凝土应设置现场浇筑整体里表温差、降温速率及环境温度应变的检测点和入模温度的测量点（见图1-73），注意平面图对称轴线的半条轴线为测试区，每条轴线上检测点不少于4个（见图1-74），应根据几何尺寸布置，必须布置在外面（外表以内

50mm）、底面（底面以内 50mm）和中间，其余测点间距不大于 600mm。温度计测温方法：每日测量不少于 4 次（早晨、中午、傍晚、半夜），同时注意测温元件的正确应用。

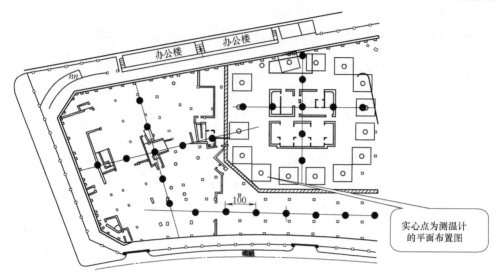

图 1-74 温度检测点的平面布置

1.6 建筑地基基础工程施工质量验收规范

为加强工程质量监督管理，统一地基基础工程施工质量验收，保证工程质量，制定《建筑地基基础工程施工质量验收规范》GB 50202—2002，自 2002 年 5 月 1 日开始实施，并制定《建筑地基处理技术规范》JGJ 79—2012，自 2013 年 6 月 1 日开始实施。

1.6.1 地基准备工作

地基基础工程施工前，必须具备完备的地质勘察资料及工程附近管线、建筑物、构筑物和其他公共设施的构造情况，必要时应作施工勘察和调查，以确保工程质量及邻近建筑的安全。建筑物地基的施工应具备岩土工程勘察资料以及邻近建筑物和地下设施类型、分布及结构情况资料。

1.6.2 地基的间歇期

地基施工结束后，有一个间歇期，在间歇期后可以验收，具体间歇期由设计定。地基施工间歇期的确定主要考虑地基土的密实、空隙水压力的消散、水泥或化学砂浆液的固结等因素。

1.6.3 基础加固

基础加固工程，应在正式施工前进行试验施工，论证施工参数及加固效果。同时为验证加固效果应进行荷载试验，试验荷载不小于设计荷载的 2 倍。

1.6.4 常见的地基

常见的地基有：灰土地基、砂和砂石地基、土工合成材料地基、粉煤灰地基、强夯地

1 与混凝土施工有关的规范

基、注浆地基、预压地基、振冲地基、高压喷射注浆地基、水泥土搅拌桩地基、土和灰土挤密桩复合地基、水泥粉煤灰碎石桩复合地基、夯实水泥土桩复合地基和砂桩地基。

地基的定义：地基是指建筑物下面支承基础的土体或岩体。作为建筑地基的土层分为岩石、碎石土、砂土、粉土、黏性土和人工填土。地基有天然地基和人工地基两类。天然地基是不需要人加固的天然土层。人工地基需要人加固处理，常见的有石屑垫层、砂垫层、混合灰土回填再夯实等。

图 1-75 基础结构施工对邻近结构的影响

那么从工程地质学对它更专业的定义：由于建筑物的兴建，导致岩土中某一范围内原来的应力状态发生了变化。这部分由建筑物荷载引起应力变化的岩土体叫做地基。

地基基础工程施工前，必须具备完备的地质勘察资料及工程附近管线、建筑物、构筑物和其他公共设施的构造情况，必要时应作施工勘察和调查，以确保工程质量及邻近建筑的安全。近几年由于地质资料不详或对邻近建筑物和设施没有充分重视而造成的基础工程质量事故或邻近建筑物、公共设施的破坏事故，屡有发生（见图 1-75）。

1.6.5 常见的复合地基

对于水泥土搅拌桩复合地基、高压喷射注浆桩复合地基、砂桩地基、振冲桩复合地基、土和灰土挤密桩复合地基、水泥粉煤灰碎石桩复合地基及夯实水泥土桩复合地基，其承载力检验数量为总数为1%~1.5%，但不应少于3根。

1.6.6 地基承载力的检验

对于灰土地基、砂和砂石地基、土工合成材料地基、粉煤灰地基、强夯地基、注浆地基、预压地基，其竣工后的结果（地基强度或承载力）必须达到设计要求的标准。地基承载力检验数量：每单位工程不应少于3点；1000m^2 以上工程，每100m^2 至少应有1点；3000m^2 以上工程，每300m^2 至少应有1点；每一独立基础下至少应有1点；基槽每20延米应有1点。基础承载力可采用轻型动力触探法检验（见图1-76），也可采用静载试验法检验（见图1-77）。

灰土地基是将基础底面下要求范围内的软弱土层挖去，用一定比例的石灰和土在最优含水量的情况下充分拌合，分层回填夯实或压实而成，是具有一定强度、水稳性和抗渗性的地基。灰土地基中使用的灰土土料、石灰、水泥等材料及配合比应符合设计要求，灰土应搅拌均匀（见图1-78）。灰土的土料宜采用黏土、粉质黏土。严禁采用冻土、膨胀土和盐泽土等活动性较强的土料，铺设厚度根据夯实机具的具体使用来确定，但是最大不超过300mm，最小不超过200mm。

1.6.7 砂或砂砾石地基

砂或砂砾石（或碎石）混合物，经分层夯实，作为地基的持力层。其特点是：可提高

对于灰土地基、砂和砂石地基、土工合成材料地基、粉煤灰地基、强夯地基、注浆地基、预压地基，其竣工后的结果（地基强度或承载力）必须达到设计要求的标准

图 1-77　基础承载力静载试验

图 1-76　基础承载力——轻型动力触探

基础下部地基强度，减小变形量，加速下部土层的沉降和固结，且施工工艺简单，可缩短工期，降低工程造价等。砂和砂砾石地基：

灰土及拌合物要完全搅拌均匀

注意砂石料的有机质含量、砂石含泥量和粒径及含水量

施工过程中必须检查分层厚度、分段施工时搭接部分的压实情况、加水量、压实遍数、压实系数

单次填筑厚度控制点

图 1-78　灰土地基现场的搅拌

图 1-79　砂和砂砾石地基

原材料宜用中砂、粗砂、砾砂、碎石（卵石）、石屑（见图 1-79）。细砂应同时掺入25%～35%的碎石或卵石。对地下土层的要求：不能是湿陷性黄土或者渗透系数较小的黏性土。因为砂砾石和砂的透水性强，建筑物遇水后，渗透至地基以下，会使地下不动土沉降（承载力降低），对建筑物稳定性不利。

1.6.8　土工合成材料地基的性能

施工过程中应检查清基、回填料铺设厚度及平整度、土工合成材料的铺设方向、接缝搭接长度或缝接状况、土工合成材料与结构的连接状况等

图 1-80　土工合成材料地基

土工合成材料地基在施工前应对土工合成材料的物理性能（单位面积的质量、厚度、密度）、强度、延伸率以及

土、砂石料等做检验。土工合成材料以100m²为一批,每批应抽查5%。

土工合成材料地基又称土工聚合物地基、土工织物地基(见图1-80),系在软弱地基中或边坡上埋设土工织物作为加筋,形成弹性复合土体,起到排水、反滤、隔离、加固和补强等作用,以提高土体承载力,减少沉降和增加地基的稳定。图1-81为土工织物加固地基、边坡的几种应用。土工织物具有毛细作用,内部具有大小不等的网眼,有较好的渗透性(水平向$1\times10^{-1}\sim1\times10^{-3}$cm/s)和良好的疏导作用,水可竖向、横向排出。材料为工厂制品,材质易保证,施工简便,造价较低,与砂垫层相比可省大量砂石材料,节省费用1/3左右。用于加固软弱地基或边坡,作为加筋形成复合地基,可提高土体强度,承载力增大3~4倍,显著地减少沉降,提高地基稳定性。但土工聚合物抗紫外线(老化)能力较弱,如埋在土中不受阳光紫外线照射,则不受影响,可使用40年以上。

1.6.9 垫层底部及基槽的处理

当垫层底部存在古井、古墓、洞穴、旧基础、暗塘等软硬不均匀的部位时,应根据建筑物对不均匀沉降的控制要求予以处理,并经检验合格后,方可铺填垫层。见图1-81。

1.6.10 水泥土搅拌桩的控制要素

图1-81 地基换填

水泥土搅拌桩施工前应检查水泥及外掺剂的质量、桩位、搅拌机工作性能及各种计量设备完好程度(主要是水泥浆流量计及其他计量装置)。水泥土搅拌桩对水泥压入量要求较高,必须在施工机械上配置流量控制仪表,以保证水泥的用量和搅拌机头的提升速率。水泥土搅拌桩地基质量检验标准见表1-10。

水泥土搅拌桩地基质量检验标准　　表1-10

项目	序号	检查项目	允许偏差或允许值		检查方法
			单位	数值	
主控项目	1	水泥及外掺剂质量	设计要求		查产品合格证书或抽样送检
	2	水泥用量	参数指标		查看流量计
	3	桩体强度	设计要求		按规定办法
	4	地基承载力	设计要求		按规定办法
一般项目	1	机头提升速度	m/min	≤0.5	量机头上升距离及时间
	2	桩底标高	mm	±200	测机头深度
	3	桩顶标高	mm	+100 −50	水准仪(最上部500mm不计入)
	4	桩位偏差	mm	<50	用钢尺量
	5	桩径		<0.04D	用钢尺量,D为桩径
	6	垂直度	%	≤1.5	经纬仪
	7	搭接	mm	>200	用钢尺量

1.6.11 水泥土搅拌桩的适用范围

水泥土搅拌桩适用于淤泥质土、饱和黄土、黏性土等。这是用于加固饱和软黏土地基的一种方法，利用水泥作为固化剂，通过特制的搅拌机械，在地基深处将软土和固化剂强制搅拌，利用固化剂和软土之间所产生的一系列物理化学反应，使软土硬结成具有整体性、水稳定性和一定强度的优质地基（见图1-82）。

水泥加固土的基本原理是基于水泥加固土的物理化学反应过程，它与混凝土硬化机理不同，由于水泥掺量少，水泥是在具有一定活性的介质——土的围绕下进行反应，硬化速度较慢，且作用复杂，水泥水解和水化生成各种水化合物后，有的又发生离子交换和团粒化作用以及凝硬反应，使水泥土强度大大提高。

施工中应检查机头提升速度、水泥浆或水泥注入量、搅拌桩的长度及标高。施工结束后，应检查桩体强度、桩体直径及地基承载力

图1-82 水泥土搅拌桩地基成型

1.6.12 水泥粉煤灰碎石桩复合地基

水泥粉煤灰碎石桩复合地基（见图1-83）和其他地基一样，首先要保证原材料的合格，在施工中检查桩身混合料的配合比、坍落度和提拔钻杆速度、成孔深度、混合料灌入量等。水泥粉煤灰碎石桩工艺流程如图1-84所示。

水泥粉煤灰碎石桩复合地基适用于处理黏土、粉土、砂土和自重固结已完成的素填土地基。对淤泥质土按地区经验或通过现场实验确定其实用性。

水泥粉煤灰碎石桩（英文：Cement Fly-ash Gravel Pile，简称CFG桩）是在碎石桩的基础上发展起来的，以一定配合比的石屑、粉煤灰和少量的水泥加水拌合后制成的一种具有一定胶结强度的桩体。水泥粉煤灰碎石桩的适用范围很广，在砂土、粉土、黏土、淤泥质土、杂填土等地基均有大量成功应用的实例。

水泥粉煤灰碎石桩复合地基施工质量控制指标：混合料的坍落度、桩数、桩位偏差、褥垫层厚度、夯填度和桩体试块抗压强度。竣工后对复合地基承载力检验应采用静载荷试验和单桩静载荷试验。检验在施工结束28d后，数量不少于3‰且不少于3点。同时采用低应变试验检测桩身完整性，数量不少于10%。水泥粉煤灰碎石桩复合地基质量检验标准见表1-11。

1 与混凝土施工有关的规范

水泥粉煤灰碎石桩复合地基施工中应检查桩身混合料的配合比、坍落度和提拔钻杆速度（或提拔套管速度）、成孔深度、混合料灌入量等

施工结束后，应对桩顶标高、桩位、桩体质量、地基承载力以及褥垫层的质量做检查

图 1-83 水泥粉煤灰碎石桩复合地基

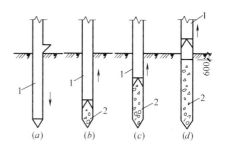

图 1-84 水泥粉煤灰碎石桩工艺流程
(a) 打入桩管；(b)、(c) 灌粉煤灰碎石振动拔管；(d) 成桩
1—桩管；2—粉煤灰碎石桩

水泥粉煤灰碎石桩复合地基质量检验标准　　　表 1-11

项目	序号	检查项目	允许偏差或允许值		检查方法
			单位	数值	
主控项目	1	原材料	设计要求		查产品合格证或抽样送检
	2	桩径	mm	−20	用钢尺量或计算填料量
	3	桩身强度	设计要求		查 28d 试块强度
	4	地基承载力	设计要求		按规定的办法
一般项目	1	桩身完整性	按桩基检测技术规范		按桩基检测技术规范
	2	桩位偏差	满堂布桩≤0.04D 条基布桩≤0.25D		用钢尺量，D 为桩径
	3	桩垂直度	%	≤1.5	用经纬仪测桩管
	4	桩长	mm	+100	测桩管长度或垂球测孔深
	5	褥垫层夯填度	≤0.9		用钢尺量

注：1. 褥垫层夯填度指夯实后的褥垫层厚度与虚体厚度的比值；
　　2. 桩径允许偏差负值是指个别断面。

1.6.13 灌注桩的标高控制

灌注桩的桩顶标高至少要比设计标高高出 0.5m，每浇筑 50m³ 必须有 1 组试件，小于 50m³ 的桩，每根桩必须有 1 组试件。混凝土灌注桩如图 1-85 所示。

1.6.14 工程桩的检验

工程桩必须进行承载力检验。对于地基基础设计等级为甲级或地质条件复杂，成桩质量可靠性低的灌注桩，应采用静载荷试验的方法进行检验，检验桩数不应少于总数的

图 1-85 混凝土灌注桩

1%，且不应少于3根，当总桩数少于50根时，不应少于2根。

桩身质量应进行检验。对设计等级为甲级或地质条件复杂，成桩质量可靠性低的灌注桩，抽检数量不应少于总数的30%，且不应少于20根；其他桩基工程的抽检数量不应少于总数的20%，且不应少于10根；对混凝土预制桩及地下水位以上，且终孔后经过核验的灌注桩，抽检数量不应少于总数的10%，且不得少于10根。每个柱子承台下不得少于1根。混凝土灌注桩质量检验标准见表1-12。

混凝土灌注桩在施工前同样应对原材料进行检验，符合设计要求才准予使用，混凝土灌注桩的质量检验应较其他桩种严格，这是工艺本身的要求（见图1-86），再则在实际施工中事故也较多，因此检测手段要先落实。施工中应对成孔、清渣、放置钢筋笼、灌注混凝土等进行全过程检查，人工挖孔桩（见图1-87）尚应复验孔底持力层岩（土）性。嵌岩桩必须有桩端持力层的岩性报告。

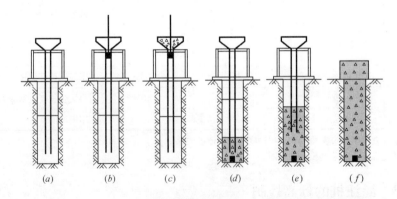

图 1-86 混凝土灌注桩工艺流程

(a) 安设导管（导管底部与孔底之间留出300～500mm空隙）；(b) 悬挂隔水栓，使其与导管内面紧贴；(c) 灌入首批混凝土；(d) 剪段铁丝，隔水栓下落孔底；(e) 连续灌注混凝土，上提导管；(f) 混凝土灌注完毕，拔出护筒

沉渣厚度应在钢筋笼放入后、混凝土浇注前测定，成孔结束后，放钢筋笼、混凝土导管都会造成土体跌落，增加沉渣厚度，因此，沉渣厚度应是二次清孔后的结果。沉渣厚度的检查目前均采用重锤，有些地方采用较先进的沉渣仪，这种仪器应预先做标定。

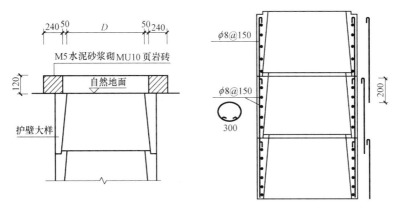

图 1-87 人工挖孔桩工艺流程

1.6.15 人工挖孔桩的相关要求

一般对持力层有要求,而且到孔底察看土性是有条件的。施工结束后,应检查混凝土强度,并应做桩体质量及承载力的检验。钢筋笼是在现场加工制作的,不是加工后运到现场的,钢筋主筋间距和长度允许误差为±10mm,箍筋间距允许误差为±20mm。

人工挖孔桩的要求　　　　　表 1-12

项目	序号	检查项目	允许偏差或允许值		检查方法
			单位	数值	
主控项目	1	桩位	见 GB 50202—2002 表 7.1.4		基坑开挖前量护筒,开挖后量桩中心
	2	孔深	mm	+300	只深不浅,用重锤测,或测钻杆、套管长度,嵌岩桩应确保进入设计要求的嵌岩深度
	3	桩体质量检验	按基桩检测技术规范。如钻芯取样。大直径嵌岩桩应钻至桩尖下 50mm		按基桩检测技术规范
	4	混凝土强度	设计要求		试件报告或钻芯取样送检
	5	承载力	按基桩检测技术规范		按基桩检测技术规范
一般项目	1	垂直度	见 GB 50202—2002 表 7.1.4		测大管或钻杆,或用超声波探测,干施工时吊垂球
	2	桩径	见 GB 50202—2002 表 7.1.4		井径仪或超声波检测,干施工时吊垂球
	3	泥浆密度(黏土或砂性土中)	1.15~1.20		用比重计测,清孔后在距孔底 50cm 处取样
	4	泥浆面标高(高于地下水位)	m	0.5~1.0	目测
	5	沉渣厚度:端承桩、摩擦桩	mm mm	≤50 ≤150	用沉渣仪或重锤测量
	6	混凝土坍落度:水下灌注干施工	mm mm	160~220 70~100	坍落度低
	7	钢筋笼安装深度	mm	±100	用钢尺量
	8	混凝土充盈系数	>1		检查每根桩的实际灌注量
	9	桩顶标高	mm	+30 -50	水准仪,需扣除桩顶浮浆层及劣质桩体

人工挖孔桩和嵌岩桩的质量检验也执行混凝土灌注桩质量标准。

1.6.16 土方施工

土方工程施工前应进行挖填方的平衡计算，综合考虑土方运距最短、运程合理和各个工程项目的合理施工程序等，做好土方平衡调配，减少重复挖运。为了配合城乡建设的发展，土方平衡调配应尽可能与当地市、镇规划和农田水利等结合，将余土一次性运到指定弃土场，做到文明施工。

土方开挖前应检查定位放线、排水和降低地下水位系统，合理安排土方运输车的行走路线和弃土场，同时要控制平面位置、水平标高、边坡坡度、压实度，并随时观测周围的环境变化，注意边坡的支护。临时性挖方边坡值要求见表1-13。

临时性挖方边坡值　　　　　表1-13

土的类别		边坡值(高：宽)
砂土(不包括细砂、粉砂)		1:1.25～1:1.50
一般性黏土	硬	1:0.75～1:1.00
	硬塑	1:1.00～1:1.25
	软	1:1.150 或更缓
碎石类土	充填坚硬、硬塑黏性土	1:0.50～1:1.00
	充填砂地土	1:1.00～1:1.50

注：1. 设计有要求时，应符合设计要求；
　　2. 如采用降水或其他加固措施，可不受本表限制，但应计算复核；
　　3. 开挖深度，对软土不应超过 4cm，对硬土不应超过 8cm。

1.6.17 平整场地的要求

平整场地（见图1-88）后的表面坡度应符合设计要求，如设计无要求时，排水沟方向的坡度不应小于2%。平整后的场地表面应逐点检查。检查点为每100～400m² 取1点，不应少于10点；长度、宽度和边坡均为每20m取1点，每边不应少于1点。

土方工程施工，应经常测量和校核其平面位置、水平标高和边坡坡度。平面控制桩和水准控制点采取可靠的保护措施，定期复测和检查。土方不应堆在基坑边坡处

图1-88　平整场地

1.6.18 开挖工程

在基坑（槽）或管沟等开挖施工中，现场不宜进行放坡开挖，当可能对邻近建（构）

筑物、地下管线、永久性道路产生危害时,应对基坑(槽)、管沟进行支护后再开挖。土方开挖的顺序、方法必须与设计工况相一致,并遵循"开槽支撑,先撑后挖,分层开挖,严禁超挖,对称开挖"的原则。在施工过程中基坑(槽)、管沟边堆置土方不应超过设计荷载,挖方时不应碰撞或损伤支护结构、降水设施。基坑(槽)、管沟开挖至设计标高后,应对坑底进行保护,经验槽合格后,方可进行垫层施工。对特大型基坑,宜分区分块挖至设计标高,分区分块及时浇筑垫层。必要时,可加强垫层。同时注意基坑的排水工作。基坑的分类及变形监控值如表1-14所示。

基坑的分类及变形监控值 表1-14

基坑类别	围护结构墙顶位移监控值(mm)	围护结构墙体最大位移监控值(mm)	地面最大沉降监控值(mm)
一级基坑	3	5	3
二级基坑	6	8	6
三级基坑	8	10	10

注:1. 符合下列情况之一,为一级基坑:
  1)重要工程或支护结构作主体结构的一部分;
  2)开挖深度大于10m;
  3)与邻近建筑物、重要设施的距离在开挖深度以内的基坑;
  4)基坑范围内有历史文物、近代优秀建筑、重要管线等需要加保护的基坑;
 2. 三级基坑为开挖深度小于7m,且周围环境无特别要求的基坑;
 3. 除一级和三级以外的基坑属于二级基坑;
 4. 当周围已有的设施有特殊要求时,尚应符合这些要求。

1.6.19 基坑的几种支护方式

基坑的常见支护方式有:排桩墙支护、水泥土桩墙支护、锚杆及土钉墙支护、钢筋混凝土支撑系统和地下连续墙。

1.6.20 土方回填

土方回填前应清除基底的垃圾、树根等杂物,抽除坑穴积水、淤泥,验收基底标高。如在耕植土或松土上填方,应在基底压实后再进行。填方土料应按设计要求验收后方可填入。填方施工过程中应检查排水措施,每层填筑厚度、含水量控制、压实程度、填筑厚度及压实遍数应根据土质、压实系数及所用机具确定(表1-15)。

填土施工时的分层厚度及压实遍数 表1-15

压实机具	分层厚度(mm)	每层压实遍数
平碾	250~300	6~8
振动压实机	250~350	3~1
柴油打夯机	200~250	3~1
人工打夯	<200	3~1

填方工程的施工参数如每层填筑厚度、压实遍数及压实系数对重要工程均应做现场试验后确定,或由设计提供。填方工程施工结束后,应检查标高、边坡坡度、压实程度等,检验标准应符合相关规定。

图 1-89 水泥土桩墙支护

1.6.21 水泥土桩墙

水泥土桩墙是深基坑支护的一种，其依靠自重和刚度保护基坑土壁安全（见图 1-89）。一般不设支撑，特殊情况下经采取措施后可局部加设支撑。水泥土桩墙分深层搅拌水泥土桩墙和高压旋喷桩墙等类型，通常呈格构式布置。

水泥土桩墙的适用范围为：基坑侧壁安全等级宜为二、三级；水泥土桩施工范围内地基土承载力不宜大于 150kPa；基坑深度不宜大于 6m。

1.6.22 锚杆支护

锚杆支护是在边坡、岩土深基坑等地表工程及隧道、采场等地下硐室施工中采用的一种加固支护方式（见图 1-90）。用金属件、木件、聚合物件或其他材料制成杆柱，打入地表岩体或硐室周围岩体预先钻好的孔中，利用其头部、杆体的特殊构造和尾部托板（亦可不用），或依赖于粘结作用将围岩与稳定岩体结合在一起而产生悬吊效果、组合梁效果、补强效果，以达到支护的目的。具有成本低、

图 1-90 锚杆支护

支护效果好、操作简便、使用灵活、占用施工净空少等优点。见图 1-91，图 1-92。

图 1-91 基坑的回填和边坡的喷锚

图 1-92 基坑的挂网喷锚支护

1.7 超声回弹综合法检测混凝土强度技术规程

为了统一采用中型回弹仪、混凝土超声波检测仪综合检测并推断混凝土结构中普通混

凝土抗压强度的方法，做到技术先进、安全可靠、经济合理、方便使用，制定《超声回弹综合法检测混凝土强度技术规程》CECS 02—2005，自 2005 年 12 月 1 日开始施行，CECS 02-1988 同步废止。本规程不适用于检测因冻害、化学侵蚀、火灾、高温等已造成表面疏松、剥落的混凝土，采用超声回弹综合法检测及推定混凝土强度，除应遵守本规程的规定外，尚应符合现行有关强制性标准的规定。超声回弹仪及超声回弹综合法检测混凝土如图 1-93 所示。

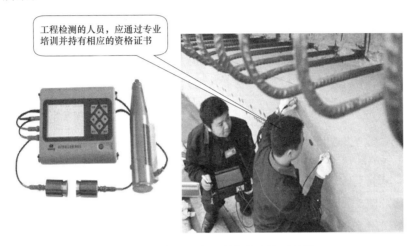

图 1-93 超声回弹仪及超声回弹综合法检测混凝土

1.7.1 混凝土强度检测

混凝土强度检测数量应符合下列规定：按单个构件检测时，应在构件上均匀布置测区，每个构件上测区数量不应少于 10 个；同批构件按批抽样检测时，构件抽样数不应少于同批构件的 30%，且不应少于 10 件；对一般施工质量的检测和结构性能的检测，可按照现行国家标准《建筑结构检测技术标准》GB/T 50344—2004 的规定抽样。对某一方向尺寸不大于 4.5m 且另一方向尺寸不大于 0.3m 的构件，其测区数量可适当减少，但不应少于 5 个。超声回弹仪检测点的布置如图 1-94 所示。

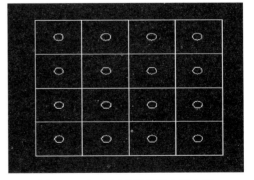

图 1-94 超声回弹仪检测点的布置

1.7.2 构件检测区的布置

构件检测区的置宜满足下列规定：在条件允许时，测区宜优先布置在构件混凝土浇筑方向的侧面；测区可在构件的两个对应面、相邻面或同一面上布置；测区宜均匀布置，相邻两个测区的间距不宜大于 2m；测区应避开钢筋密集区和预埋件；测区尺寸宜为 200mm×200mm；采用平测时宜为 400mm×400mm；测试面应清洁、平整、干燥，不应有接缝、施工缝、饰面层、浮浆和油垢，并应避开蜂窝、麻面部位。必要时，可用砂轮片清除杂物和磨平不平整处，并擦净残留粉尘。

1.7.3 回弹测试及回弹值计算

回弹测试时，应始终保持回弹仪的轴线垂直于混凝土测试面。如不具备浇筑方向侧面水平测试的条件，可采用非水平状态测试，或测试混凝土浇筑的顶面或底面。测量回弹值应在构件测区内超声波的发射和接收面各弹击8点；超声波单面平测时，可在超声波的发射和接收测点之间弹击16点。每一测点的回弹值，测读精确至0.1。测点在测区范围内宜均匀布置，但不得布置在气孔或外露石子上。相邻两个测点的间距不宜小于30mm；测点距构件边缘或外露钢筋、铁件的距离不应小于50mm，同一测点只允许弹击一次。测区回弹代表值应从该测区的16个回弹值中剔除3个较大值和3个较小值，根据其余10个有效回弹值按下列公式计算：

$$R = \frac{1}{10} \sum_{i=1}^{10} R_i \tag{1-11}$$

式中　R——测区回弹代表值，取有效测试数据的平均值，精确至0.1；
　　　R_i——第i个测点的有效回弹值。

非水平状态下测得的回弹值，应按下列公式修正：

$$R_a = R + R_{a\alpha} \tag{1-12}$$

式中　R_a——修正后的测区回弹代表值；
　　　$R_{a\alpha}$——测试角度为α时的测区回弹修正值，按表1-16的规定采用。

非水平状态下测试时的回弹修正值 R_{2a}　　　　　表1-16

测试角度 R	回弹仪向上				回弹仪向下			
	+90	+60	+45	+30	−30	−45	−60	−90
20	−6.0	−5.0	−4.0	−3.0	+2.5	+3.0	+3.5	+4.0
25	−5.5	−4.5	−3.8	−2.8	+2.3	+2.8	+3.3	+3.8
30	−5.0	−4.0	−3.5	−2.5	+2.0	+2.5	+3.0	+3.5
35	−4.5	−3.8	−3.3	−2.3	+1.8	+2.3	+2.8	+3.3
40	−4.0	−3.5	−3.0	−2.0	+1.5	+2.0	+2.5	+3.0
45	−3.8	−3.3	−2.8	−1.8	+1.3	+1.8	+2.3	+2.8
50	−3.5	−3.0	−2.5	−1.5	+1.0	+1.5	+2.0	+2.5

注：1. 当测试角度等于0时，修正值为0；R小于20或大于50时，分别按20或50查表；
　　2. 表中未列数值，可采用内插法求得，精确至0.1。

在混凝土浇筑的顶面或底面测得的回弹值，应按下列公式修正：

$$R_a = R + (R_a^t + R_a^b) \tag{1-13}$$

式中　R_a^t——测量顶面时的回弹修正值，按表1-17的规定采用；
　　　R_a^b——测量底面时的回弹修正值，按表1-17的规定采用。

测试混凝土浇筑顶面或底面时的回弹修正值 R_a^t、R_a^b　　　　表1-17

R 或 R_a 测试面	顶面 R_a^t	底面 R_a^b
20	+2.5	−3.0
25	+2.0	−2.5
30	+1.5	−2.0

1 与混凝土施工有关的规范

续表

R 或 R_a 测试面	顶面 R_a^t	底面 R_a^b
35	+1.0	−1.5
40	+0.5	−1.0
45	0	−0.5
50	0	0

注：1. 在侧面测试时，修正值为 0；R 小于 20 或大于 50 时，分别按 20 或 50 查表；
  2. 当先进行角度修正时，采用修正后的回弹代表值 R_a；
  3. 表中未列数值，可采用内插法求得，精确至 0.1。

1.8 建设工程质量检测管理办法

说《建设工程质量检测管理办法》或许部分人有点模糊，但是和你说建设部 141 号令，你懂了吗？该办法重在对检测机构有了全新的管理和监督办法，以及资质的认定和违规作业的处理办法。已于 2005 年 8 月 23 日经第 71 次常务会议讨论通过，自 2005 年 11 月 1 日已经开始施行。该管理办法是根据《中华人民共和国建筑法》、《建设工程质量管理条例》制定的。

《中华人民共和国建筑法》于 1997 年 11 月 1 日第八届全国人民代表大会常务委员会第二十八次会议通过，1997 年 11 月 1 日以中华人民共和国主席令第 91 号公布，自 1998 年 3 月 1 日开始施行。明确了建筑施工许可证及从业资格，建筑工程发包及承包，最后对安全生产和工程质量管理做了细致的规定和相关法律处罚依据。

1.8.1 建设工程质量管理条例

《建设工程质量管理条例》于 2000 年 1 月 10 日经国务院第 25 次常务会议通过，准予发布，自发布之日起施行。为了加强对建设工程质量的管理，保证建设工程质量，保护人民生命和财产安全，本条例所称建设工程，是指土木工程、建筑工程、线路管道和设备安装工程及装修工程。

1.8.2 检测机构的资质

申请从事对涉及建筑物、构筑物结构安全的试块、试件以及有关材料检测的工程质量检测机构资质，实施对建设工程质量检测活动的监督管理，应当遵守本办法。检测机构资质证书有效期为 3 年。资质证书有效期满需要延期的，检测机构应当在资质证书有效期满 30 个工作日前申请办理延期手续。

1.8.3 检测机构的违章处理办法

检测机构在资质证书有效期内没有下列行为的，资质证书有效期届满时，经原审批机关同意，不再审查，资质证书有效期延期 3 年，由原审批机关在其资质证书副本上加盖延期专用章；检测机构在资质证书有效期内有下列行为之一的，原审批机关不予延期：

（1）超出资质范围从事检测活动的；
（2）转包检测业务的；

(3) 涂改、倒卖、出租、出借或者以其他形式非法转让资质证书的;

(4) 未按照国家有关工程建设强制性标准进行检测,造成质量安全事故或致使事故损失扩大的;

(5) 伪造检测数据,出具虚假检测报告或者鉴定结论的。

任何单位和个人不得明示或者暗示检测机构出具虚假检测报告,不得篡改或者伪造检测报告。检测人员不得同时受聘于两个或者两个以上的检测机构。

检测机构跨省、自治区、直辖市承担检测业务的,应当向工程所在地的省、自治区、直辖市人民政府建设主管部门备案。

检测机构应当单独建立检测结果不合格项目台账。

1.9 基坑土钉支护技术规程

为使土钉支护用于基坑工程做到技术先进、经济合理、安全可靠和确保质量,特制定《基坑土钉支护技术规程》CECS 96:97。本规程适用于基坑直立开挖或陡坡开挖时临时性土钉支护的设计与施工,采用以钢筋作为中心钉体的钻孔注浆型土钉,基坑的深度不宜超过18m,使用期限不宜超过18个月。对于其他类型的土钉如注浆的钢管击入型土钉或不注浆的角钢击入型土钉,可参照本规程的基本计算原则进行支护的稳定性分析。

1.9.1 土钉

土钉:用来加固或同时锚固现场原位土体的细长杆件。通常采取土中钻孔、置入变形钢筋(即带肋钢筋)并沿孔全长注浆的方法做成。土钉依靠与土体之间的界面黏结力或摩擦力,在土体发生变形的条件下被动受力,并主要承受拉力作用。土钉也可用钢管、角钢等作为钉体,采用直接击入的方法置入土中。

土钉支护:以土钉作为主要受力构件的边坡支护技术,它由密集的土钉群、被加固的原位土体、喷混凝土面层和必要的防水系统组成。

1.9.2 土钉墙

由天然土体通过土钉就地加固并与喷射砼面板相结合,形成一个类似重力挡墙的墙体以此来抵抗墙后的土压力,从而保持开挖面的稳定,这个土挡墙就称为土钉墙。土钉墙是通过钻孔、插筋、注浆来设置的,一般称砂浆锚杆。土钉墙的做法与矿山加固坑道用的喷锚网加固岩体的做法类似,故也称为喷锚网加固边坡或喷锚网挡墙,《建筑基坑支护技术规程》JGJ 120—1999 正式定名为土钉墙。

1.9.3 基坑开挖方案及支护方案

基坑开挖方案及土钉墙支护方案的采用事先要充分熟悉和掌握基坑周边的环境状态。如基坑开挖影响范围内的原有建筑物、构筑物、道路、地下设施、各种地下管线、岩土体及地下水等情况以及边缘的滑塌、土体变形可能造成的危害要有充分的估计,以及必要的防护措施。通常对场地周边的排水、截水、降低地下水位,附近建筑物的沉降观测,道路、地下管线的下沉、变形,防止管线破裂都要采取监控,防止意外事故的发生。

1.9.4 土钉和锚杆异同

土钉和锚杆工作的异同点：土钉是护土，锚杆是进入岩石，它们的计算方法不一样、稳固能力大小不同，施工方法相似。

土钉的孔径控制在75～150mm之间，注浆强度不低于12MPa。

1.10 建设项目工程总承包管理规范

本规范是规范工程总承包管理行为和活动的管理规范，而不是法规性的管理办法（比如规定资质、市场秩序等相关政策）及其实施细则，也不是技术性规范或工作手册。本规范的目的是提高水平、促进三化、推进接轨，即指导思想科学化、规范化、法制化、与国际接轨。

1.10.1 工程总承包的概念

建市［2003］30号对工程总承包的定义为："工程总承包是指从事工程总承包的企业受业主委托，按照合同约定，对工程项目的勘察、设计、采购、施工、试运行（竣工验收）等实行全过程或若干阶段的承包。其主要方式包括EPC/交钥匙总承包、设计-施工总承包（D-B）、设计-采购总承包（E-P）、采购-施工总承包（P-C）等。"本规范适用范围从总承包合同签订以后起到项目收尾合同终止为止。

1.10.2 设计选用的设备材料

设计选用的设备材料，应在设计文件中注明其型号、规格、性能、数量等，其质量要求必须符合现行标准的有关规定。在施工前，应进行设计交底，说明设计意图，解释设计文件，明确设计要求。

1.10.3 工程总承包的资质

工程总承包项目的施工必须由具备相应施工资质和能力的企业承担。施工应遵循《中华人民共和国建筑法》、《建设工程质量管理条例》和《建设工程安全生产管理条例》等国家有关法律法规和强制性标准的规定，并满足合同规定的技术、质量、安全要求。项目经理负责制（又称项目经理责任制）是以项目经理为责任主体的工程总承包项目管理目标责任制度。建设项目工程总承包管理除应遵循本规范外，还应符合国家有关法律法规及强制性标准的规定。

工程总承包项目管理的主要内容应包括：任命项目经理，组建项目部，进行项目策划并编制项目计划；实施设计管理，采购管理，施工管理，试运行管理；进行项目范围管理，进度管理，费用管理，设备材料管理，资金管理，质量管理，安全、职业健康和环境管理，人力资源管理，风险管理，沟通与信息管理，合同管理，现场管理，项目收尾等。项目部应严格执行项目管理程序，并使每一管理过程都体现计划、实施、检查、处理（PDCA）的持续改进过程。工程总承包项目生命周期发展的规律如图1-95所示。

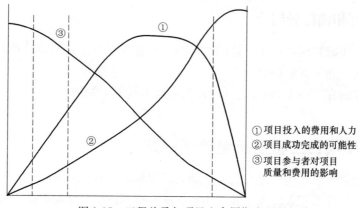

图 1-95　工程总承包项目生命周期发展的规律

① 项目投入的费用和人力
② 项目成功完成的可能性
③ 项目参与者对项目质量和费用的影响

1.10.4　项目策划及计划

进行项目策划，编制项目计划，召开开工会议；发表项目协调程序，发表设计基础数据；编制设计计划、采购计划、施工计划、试运行计划、质量计划、财务计划和安全管理计划，确定项目控制基准等。工程总承包企业应建立和完善项目资源管理机制，促进项目人力、设备、材料、机具、技术、资金等资源的合理投入，适应工程总承包项目管理需要。

1.11　混凝土用水标准

为了保证混凝土用水的质量，使混凝土性能符合技术要求，制定《混凝土用水标准》JGJ 63—2006。本标准适用于工业与民用建筑以及一般构筑物的混凝土用水。混凝土用水除应符合本标准的规定外，尚应符合国家现行有关标准的规定。

1.11.1　混凝土拌合用水水质要求

混凝土拌合用水水质应符合表 1-18 的要求。对于设计年限为 100 年的结构混凝土，氯离子含量不得超过 500mg/L；对于使用钢丝或经热处理钢筋的预应力混凝土，氯离子含量不得超过 350mg/L。

混凝土拌合用水水质要求　　　　　表 1-18

项　目	预应力混凝土	钢筋混凝土	素混凝土
pH 值	≥5.0	≥4.5	≥4.5
不溶物(mg/L)	≤2000	≤2000	≤5000
可溶物(mg/L)	≤2000	≤5000	≤10000
Cl^- (mg/L)	≤500	≤1000	≤3500
SO_4^{2-} (mg/L)	≤600	≤2000	≤2700
碱含量(rag/L)	≤1500	≤1500	≤1500

注：碱含量按 $Na_2O+0.658K_2O$ 计算值来表示。采用非碱活性骨料时，可不检验碱含量。

1.11.2 水的放射性要求

地表水、地下水、再生水的放射性应符合现行国家标准的规定。使用水不应有漂浮明显的油脂和泡沫,不应有明显的颜色和异味。未经处理的海水严禁用于钢筋混凝土和预应力混凝土。我国制定的规范也是很人性化的,结合实际情况在无法获得水源的情况下,海水可用于素混凝土,但不宜用于装饰性混凝土。

1.11.3 水质检验

水质检验的水样不应少于5L;用于测定水泥凝结时间和胶砂强度的水样不应少于3L。容器应用待采集水样冲洗3次再灌装,宜在水域中心部位、距水面100mm以下采集。

1.12 混凝土泵送施工技术规程

为提高混凝土泵送施工质量,促进混凝土泵送技术的发展特制定《混凝土泵送施工技术规程》JGJ/T 10—2011,本规程适用于建筑工程、市政工程的混凝土泵送施工,不适用于轻骨料混凝土的泵送施工。混凝土泵送施工应有专项施工方案,前项验收合格方可进行施工。混凝土泵送施工除应符合本规程的规定外,尚应符合国家现行有关标准的规定。

泵送混凝土施工方案应根据混凝土工程特点、浇筑工程量、拌合物特性及浇筑进度等因素确定,同时要对混凝土的可泵性进行分析。混凝土入泵坍落度及扩展度与最大泵送高度的关系见表1-19。

混凝土入泵坍落度及扩展度与最大泵送高度的关系　　表1-19

最大泵送高度(m)	50	100	200	400	400以上
入泵坍落度(mm)	100～140	150～180	190～220	230～260	—
入泵扩展度(mm)	—	—	—	450～590	600～740

泵送混凝土宜采用预拌混凝土,当需要现场搅拌时需采用具有自动计量装置的集中搅拌方式,不得采用人工搅拌的方式进行泵送。泵送管不得有龟裂、孔洞、凹凸损伤和弯折等缺陷,同时根据最大泵送压力计算最小泵送管的最小壁厚值。同一管路宜采用相同管径的输送管。

垂直向上配管时,地面水平管折算长度不宜小于垂直管长度的1/5,且不宜小于15m;垂直泵送高度超过100m时,混凝土泵机出料口处应设置截止阀。倾斜或垂直向下泵送施工时,高差不应大于20m,应在倾斜或垂直管下端设置弯管或水平管,弯管和水平管折算长度不宜小于1.5倍高差。泵送混凝土的入泵坍落度不宜小于100mm,对强度等级超过C60的泵送混凝土,其坍落度不宜小于180mm。混凝土入泵时的坍落度及其允许偏差应符合表1-20的规定。

混凝土坍落度允许偏差　　表1-20

坍落度(mm)	坍落度允许偏差(mm)
100～160	±20
>160	±30

泵送混凝土的混凝土取样、试件制作、养护和试验均应在浇筑地点完成,同时应符合《混凝土结构工程施工质量验收规范》GB 50204—2015的相关规定。

2 与钢筋施工有关的规范

2.1 平法图集

2.1.1 平法图集相关介绍

随着国民经济的发展和建筑设计标准化水平的提高，近年来各设计单位采用一些较为方便的图示方法，为了规范各地的图示方法，中华人民共和国建设部于 2003 年 1 月 20 日下发通知，批准《混凝土结构施工图平面整体表示方法制图规则和构造详图》作为国家建筑标准设计图集（简称"平法"图集），图集号为 03G101-1，自 2003 年 2 月 15 日开始执行。2011 年对 03G101-1 进行了修改，新图集号为 11G101-1、11G101-2、11G101-3。见图 2-1。

(a)

(b)

(c)

图 2-1 混凝土结构施工图平面整体表示方法制图规则和构造详图
(a) 11G101-1；(b) 11G101-2；(c) 11G101-3

1. 表示方法与传统表示方法的区别

把结构构件的尺寸和配筋等，按照平面整体表示方法的制图规则，整体直接地表示在各类构件的结构布置平面图上，再与标准构造详图配合，结合成了一套新型完整的结构设计表示方法。改变了传统的将构件（柱、剪力墙、梁）从结构平面设计图中索引出来，再逐个绘制模板详图和配筋详图的烦琐办法。

平法适用的结构构件为柱、剪力墙、梁 3 种。内容包括两大部分，即平面整体表示图和标准构造详图。在平面布置图上表示各种构件尺寸和配筋方式。表示方法分平面注写方式、列表注写方式和截面注写方式 3 种。

2. 常用构件代号

常用构件代号见表 2-1。

2.1.2 钢筋锚固

1. 锚固的含义

钢筋混凝土结构中钢筋之所以能够受力，主要是依靠钢筋和混凝土之间的粘结锚固作用，因此钢筋的锚固是混凝土结构受力的基础。如锚固失效，则结构将丧失承载能力并由此导致结构破坏。

常用构件代号　　　　　　　　　　　　　表 2-1

序号	名称	代号	序号	名称	代号	序号	名称	代号
1	板	B	15	吊车梁	DL	29	基础	J
2	屋面板	WB	16	圈梁	QL	30	设备基础	SJ
3	空心板	KB	17	过梁	GL	31	桩	ZH
4	槽形板	CB	18	连系梁	LL	32	柱间支撑	ZC
5	折板	ZB	19	基础梁	JL	33	垂直支撑	CC
6	密肋板	MB	20	楼梯梁	TL	34	水平支撑	SC
7	楼梯板	TB	21	檩条	LT	35	梯	T
8	挡雨板或沟盖板	GB	22	屋架	WJ	36	雨篷	YP
9	挡雨板或檐口板	YB	23	托架	TJ	37	阳台	YT
10	吊车安全走道板	DB	24	天窗架	DJ	38	梁垫	LD
11	墙板	QB	25	框架	KJ	39	预埋件	M
12	天沟板	TGB	26	刚架	GJ	40	天窗端壁	TD
13	梁	L	27	支架	ZJ	41	钢筋网	W
14	屋面梁	WL	28	柱	Z	42	钢筋骨架	G

钢筋的锚固长度一般指梁、板、柱等构件的受力钢筋伸入支座或基础中的总长度，可以直线锚固和弯折锚固。弯折锚固长度包括直线段和弯折段。

2. 基本表达符号

《混凝土结构设计规范》GB 50010—2010 中关于受拉钢筋锚固的指标包括基本锚固长度 l_{ab}、锚固长度 l_a、抗震锚固长度 l_{aE} 以及 l_{abE}。其中 l_a、l_{aE} 用于钢筋直锚或总锚固长度情况，l_{ab}、l_{abE} 用于钢筋弯折锚固或机械锚固情况，施工中应按 G101 系列图集中标准构造图样所标注的长度进行下料。

3. 钢筋锚固规范

钢筋锚固长度基本规定见表 2-2～表 2-4。

当混凝土强度为 C20 时，钢筋锚固长度为 $44d$（$d \leqslant 25$）、$49d$（$d>25$）；

当混凝土强度为 C25 时，钢筋锚固长度为 $38d$（$d \leqslant 25$）、$42d$（$d>25$）；

当混凝土强度为 C30 时，钢筋锚固长度为 $34d$（$d \leqslant 25$）、$38d$（$d>25$）；

当混凝土强度为 C35 时，钢筋锚固长度为 $31d$（$d \leqslant 25$）、$34d$（$d>25$）；

当混凝土强度≥C40 时，钢筋锚固长度为 $29d$（$d \leqslant 25$）、$32d$（$d>25$）。

当边柱内侧柱筋顶部和中柱柱筋顶部的直锚长度小于锚固长度时，可向内侧或外侧弯 $12d$ 直角钩。钢筋锚固见图 2-2。

当柱墙插筋的竖直锚固长度小于规定值时，需按照 11G101-3 图集 32 页右下角的表或 45 页右上角的表加弯直角钩。

框架梁上下纵筋及抗扭腰筋和非框架梁上部纵筋的锚固长度为 $0.4l_{aE}$ 加 $15d$ 直角钩。

非框架梁下部纵筋的锚固长度为 $12d$，非框架梁包括简支梁、连系梁、楼梯梁、过梁、雨篷梁，但不包括圈梁、悬挑梁和基础梁。

受拉钢筋基本锚固长度 表2-2

钢筋种类	抗震等级	混凝土强度等级								
		C20	C25	C30	C35	C40	C45	C50	C55	≥C60
HPR300	一、二级(l_{abE})	45d	39d	35d	32d	29d	28d	26d	25d	24d
	三级(l_{abE})	41d	36d	32d	29d	26d	25d	24d	23d	22d
	四级(l_{abE})	39d	34d	30d	28d	25d	24d	23d	22d	21d
	非抗震(l_{ab})									
HRB335 HRBF335	一、二级(l_{abE})	44d	38d	33d	31d	29d	26d	25d	24d	24d
	三级(l_{abE})	40d	35d	31d	28d	26d	24d	23d	22d	22d
	四级(l_{abE})	38d	33d	29d	27d	25d	23d	22d	21d	21d
	非抗震(l_{ab})									
HRB400 HRBF400 RRB400	一、二级(l_{abE})	—	46d	40d	37d	33d	32d	31d	30d	29d
	三级(l_{abE})	—	42d	37d	34d	30d	29d	28d	27d	26d
	四级(l_{abE})	—	40d	35d	32d	29d	28d	27d	26d	25d
	非抗震(l_{ab})									
HRB500 HRBF500	一、二级(l_{abE})	—	55d	49d	45d	41d	39d	37d	36d	35d
	三级(l_{abE})	—	50d	45d	41d	38d	36d	34d	33d	32d
	四级(l_{abE})	—	48d	43d	39d	36d	34d	32d	31d	30d
	非抗震(l_{ab})									

受拉钢筋锚固长度 l_a、抗震钢筋锚固长度 l_{aE} 表2-3

非抗震	抗震	1. l_a 不应小于200。 2. 锚固长度修正系数 ξ_a 按表2-4取用，当多于一项时，可按连乘计算，但不应小于0.6。 3. l_{aE} 为抗震锚固长度修正系数，对一、二级抗震等级取1.15，对三级抗震等级取1.05，对四级抗震等级取1.0。
$l_a = \xi_a l_{ab}$	$l_{aE} = \xi_{aE} l_a$	

注：1. HPB300钢筋末端应做180°弯钩，弯后平直长度不应小于3d，但做受压钢筋时可不做弯钩；
2. 当锚固钢筋保护层厚度不大于5d时，锚固钢筋长度范围内应设置横向构造钢筋，其直径不应小于d/4（d为锚固钢筋最大直径）；对梁、柱等构件间距不应大于5d，对墙、板等构件间距不应大于10d，且均不应大于100（d为锚固钢筋最小直径）。

纵向受拉钢筋搭接长度修正系数 ξ_a 表2-4

锚固条件		ξ_a	ξ_0
带肋钢筋的公称直径大于25		1.10	
环氧树脂层带肋钢筋		1.25	—
施工过程中易受扰动的钢筋		1.10	
保护层厚度	3d	0.8	中间时按内插值。d 为锚固钢筋直径
	5d	0.7	

4. 钢筋锚固原则

（1）梁受拉钢筋在端支座的弯锚，其弯锚直段≥$0.4l_{aE}$，弯钩段为15d，并应进入边

2 与钢筋施工有关的规范

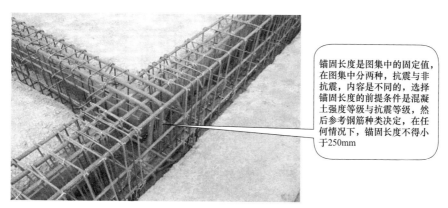

图 2-2 钢筋锚固

锚固长度是图集中的固定值,在图集中分两种,抗震与非抗震,内容是不同的,选择锚固长度的前提条件是混凝土强度等级与抗震等级,然后参考钢筋种类决定,在任何情况下,锚固长度不得小于250mm

柱的"竖向锚固带",且应使钢筋弯钩不与柱纵筋平行接触的原则(边柱的"竖向锚固带"的宽度为:柱中线过 $5d$ 至柱纵筋内侧之间,见图2-3)。

(2) 受力纵筋在端支座的锚固不应全走保护层的原则,当水平段走混凝土保护层时,弯钩段应在尽端角筋内侧"扎入"钢筋混凝土内。

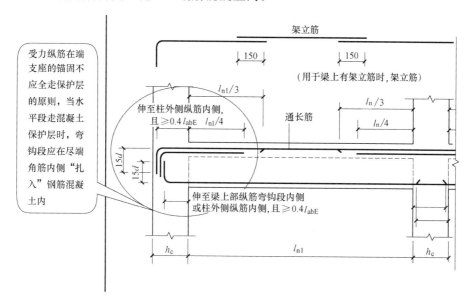

图 2-3 抗震楼层框架梁 KL

(3) 当抗震框架梁往中柱支座直通锚固时,纵筋应过中线$+5d$ 且$\geqslant l_{aE}$的原则。

(4) 梁受拉纵筋受力弯钩为$15d$,柱偏拉纵筋弯钩、钢筋构造弯钩为$12d$ 的原则。见图2-4。

(5) 墙身的第一根竖向钢筋、板的第一根钢筋距离最近构件内的相平行钢筋为墙身竖向钢筋与板筋分布间距 $1/2$ 的原则。

(6) 当两构件配筋"重叠"时不重复设置且取大者的原则。

(7) 节点内钢筋锚固不应平行接触的原则。

(8) 框架梁端支座宽度变化导致梁纵筋锚固形状变化,楼层框架梁和屋面框架梁端部

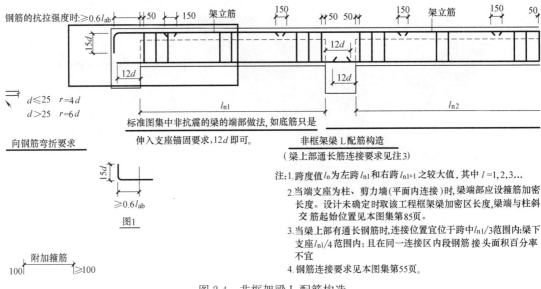

图 2-4 非框架梁 L 配筋构造

构造也有区别。见图 2-5。

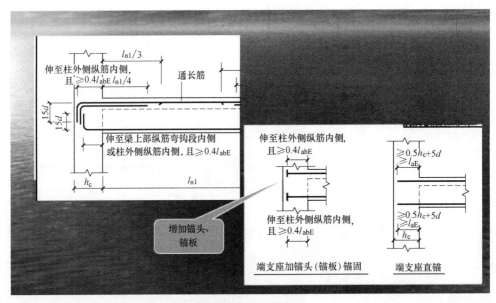

图 2-5 端支座锚固

2.1.3 钢筋种类

钢筋种类很多，通常按化学成分、生产工艺、轧制外形、供应形式、直径大小，以及在结构中的用途进行分类。

(1) 按直径大小分

钢丝（直径 3～5mm）、细钢筋（直径 6～10mm）、粗钢筋（直径大于 22mm）。

(2) 按力学性能分

Ⅰ级钢筋（300/420 级）、Ⅱ级钢筋（335/455 级）、Ⅲ级钢筋（400/540 级）和Ⅳ级

钢筋（500/630 级）。

(3) 按生产工艺分

热轧、冷轧、冷拉的钢筋，还有将Ⅳ级钢筋进行经热处理而成的热处理钢筋，强度比前者更高。

(4) 按在结构中的作用分

受压钢筋、受拉钢筋、架立钢筋、分布钢筋、箍筋等。

配置在钢筋混凝土结构中的钢筋，按其作用可分为下列几种：

(1) 受力筋——承受拉、压应力的钢筋。见图 2-6。

(2) 分布筋——用于屋面板、楼板内，与板的受力筋垂直布置，将承受的重量均匀地传给受力筋，并固定受力筋的位置，以及抵抗热胀冷缩所引起的温度变形。见图 2-7。

图 2-6 受力筋、分布筋布置

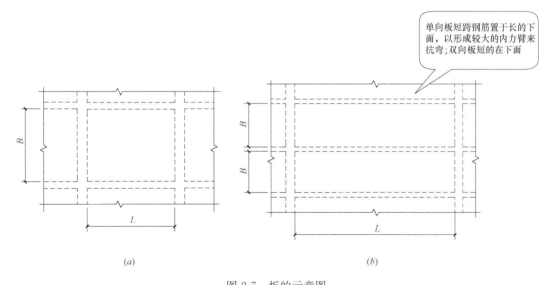

图 2-7 板的示意图
(a) 四边支承双向板 $L/B \leqslant 2$；(b) 四边支承单向板 $L/B \geqslant 3$

(3) 架立筋——用以固定梁内钢箍的位置，构成梁内的钢筋骨架。见图 2-8、图 2-9。

(4) 箍筋——承受一部分斜拉应力，并固定受力筋的位置，多用于梁和柱内。见图 2-10、图 2-11。

(5) 其他——因构件构造要求或施工安装需要而配置的构造筋。如腰筋、预埋锚固筋等。

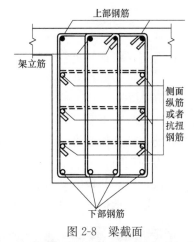

图 2-8 梁截面

图 2-9 架立筋钢筋布置

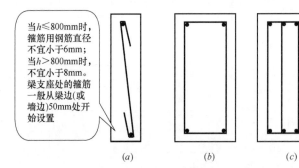

图 2-10 箍筋种类

（a）单肢箍；（b）双肢箍；（c）四肢箍；（d）六肢箍

2.1.4 钢筋下料详解

钢筋下料是指确定制作某个钢筋构件所需的材料形状、数量或质量后，从整根钢筋中取下一定形状、数量或质量的钢筋进行加工的操作过程。

1. 钢筋下料步骤

（1）看懂工程结构施工图；

2 与钢筋施工有关的规范

支承在砌体结构上的钢筋混凝土独立梁,在纵向受力钢筋的锚固长度 L_{as} 范围内应设置不少于两道箍筋,当梁与混凝土梁或柱整体连接时,支座内可不设置箍筋

图 2-11 双肢箍

(2) 计算下料长度,要掌握保护层、钢筋量度差值、弯钩增加长度、箍筋调整值等概念;

(3) 根据计算结果,剪切钢筋。

2. 钢筋理论(预算用量)计算与下料计算

计算钢筋长度按钢筋什么部位来计算?

下料计算:按钢筋中轴线计算;

理论计算:按钢筋外皮计算。

3. 钢筋计算方法

有按甲方要求的,按国家规范的,按当地定额的,按地方标准的,按标准图集等,均没有统一的计算规则。

4. 常用的钢筋计算公式

钢筋工程量计算原理如图 2-12 所示。

$$直钢筋下料长度=构件长度+弯钩增加长度-保护层厚度$$
$$弯起钢筋下料长度=直段长度+斜段长度-弯曲调整值+弯钩增加长度$$
$$箍筋下料长度=箍筋周长+箍筋调整值$$

量度差值及弯钩增加长度分别如表 2-5 和表 2-6 所示。

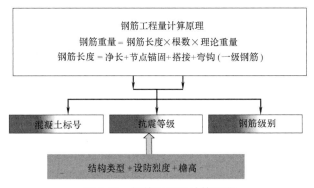

图 2-12 钢筋工程量计算原理

量度差值 表 2-5

钢筋弯曲角度(°)	30	45	60	90	135
量度差值(mm)	0.35d	0.5d	0.85d	2d	2.5d

注:d 为钢筋直径。

弯钩增加长度					表 2-6
钢筋直径 d(mm)	≤6	8~10	12~18	20~28	32~36
一个弯钩长度(mm)	$4d$	$6d$	$5.5d$	$5d$	$4.5d$

2.2 钢筋机械连接技术规程

2.2.1 钢筋连接说明

钢筋连接是混凝土结构构件中，钢筋长度不够时，按一定要求将两根钢筋互相叠合而形成的连接。见图 2-13、图 2-14。

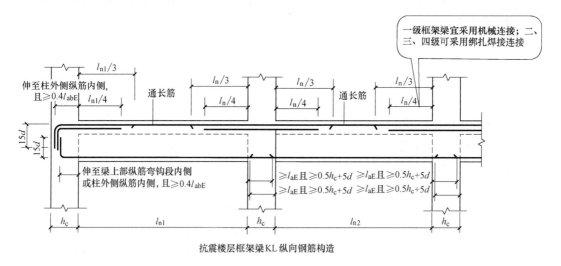

图 2-13 钢筋连接说明

钢筋连接方式主要有绑扎搭接、机械连接和电焊连接 3 种（见图 2-14）。

（1）绑扎搭接：钢筋绑扎就是将两根钢筋的交叉点用扎丝扎牢。绑扎的方法根据各地习惯不同而各异。最常用的是一面顺扣操作法。见图 2-15。

（2）机械连接：机械连接是一项新型钢筋连接工艺，被称为继绑扎、电焊之后的"第

图 2-14 钢筋的几种连接方式
(a) 焊接连接（闪光对焊）；(b) 机械连接（套筒挤压）

图 2-14 钢筋的几种连接方式（续）

（c）焊接连接（电渣压力焊）；（d）机械连接（镦粗钢筋直螺纹连接）

三代钢筋接头"，具有接头强度高于钢筋母材、速度比电焊快 5 倍、无污染、节省钢材 20% 等优点。见图 2-16。

> 位于同一连接区段内的受拉钢筋搭接接头面积百分率：对梁类、板类及墙类构件，不宜大于25%；对柱类构件，不宜大于50%。当工程中确有必要增大受拉钢筋搭接接头面积百分率时，对梁类、板类及墙类构件，不宜大于50%；对柱类构件，可根据实际情况放宽

> 结构构件中纵向受力钢筋的接头宜相互错开，钢筋机械连接的连接区段长度应按35d 计算d(为被连接钢筋中的较大直径)

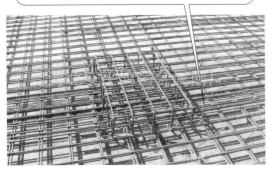

图 2-15 绑扎搭接　　　　　图 2-16 机械连接

（3）电焊连接：电焊连接是用焊机的二次大电流将要连接的部件或材料融化，冷却后使其连接在一起，期间要连接的材料或部件本体上通过了电流。见图 2-17。

> 在受压区不宜大于50%；接头不宜设置在有抗震设防要求的框架梁端、柱端的箍筋加密区；当无法避开时，对等强度高质量机械连接接头，不应大于50%；直接承受动力荷载的结构构件中，不宜采用焊接接头；当采用机械连接接头时，不应大于50%。钢筋的接头宜设置在受力较小处。同一纵向受力钢筋不宜设置两个或两个以上接头。接头末端至钢筋弯起点的距离不应小于钢筋直径的10倍

图 2-17 电焊连接

2.2.2 钢筋连接要求

(1) 绑扎搭接。见图 2-18~图 2-20。

若采用绑扎搭接接头,则相邻纵向受力钢筋的绑扎搭接接头宜相互错开;钢筋绑扎搭接接头连接区段的长度为1.3倍搭接长度(L_a);凡搭接接头中点位于该区段内的搭接接头均属于同一连接区段;位于同一区段内的受拉钢筋搭接接头面积百分率为25%

图 2-18 梁钢筋绑扎搭接

钢筋连接的接头宜设置在受力较小处。接头末端至钢筋弯起点的距离不应小于钢筋直径的10倍;当钢筋的直径$d>16$mm时,不宜采用绑扎搭接接头

图 2-19 板钢筋绑扎搭接 1

搭接长度范围内的箍筋应加密。当搭接钢筋为受拉时,其箍筋间距不应大于$5d$,且不应大于100mm;当搭接钢筋为受压时,其箍筋间距不应大于$10d$,且不应大于200 mm(d为受力钢筋中的最小直径)

图 2-20 板钢筋绑扎搭接 2

(2) 机械连接。见图 2-21～图 2-24。

纵向受力钢筋采用机械连接接头或焊接接头时，连接区段的长度为35d(d为纵向受力钢筋的较大值)且不小于50mm。同一连接区段内，纵向受力钢筋的接头面积百分率应符合设计规定，当设计无规定时，应符合下列规定：①在受拉区不宜大于50%；②直接承受动力荷载的基础中，不宜采用焊接接头；当采用机械连接接头时，不应大于50%

图 2-21 锥螺纹连接接头 1

接头宜避开有抗震设防要求的框架的梁端、柱端箍筋加密区；当无法避开时，应采用Ⅱ级接头或Ⅰ级接头，且接头百分率不应大于50%

图 2-22 锥螺纹连接接头 2

接头连接件的屈服承载力和受拉承载力的标准值不应小于被连接钢筋的屈服承载力和受拉承载力标准值的1.10倍。钢筋机械连接的连接区段长度按35d计算

图 2-23 锥螺纹连接接头 3

对直接承受动力荷载的结构构件，接头百分率不应大于50%

受拉钢筋应力较小部位或纵向受压钢筋，接头百分率可不受限制

图 2-24 套管挤压连接接头

钢筋直螺纹加工应符合下列规定。见图 2-25～图 2-35。

钢筋端部应切平或镦平后再加工螺纹；镦粗头不得有与钢筋轴线相垂直的横向裂纹

图 2-25 螺纹头

钢筋丝头长度应满足企业标准中产品设计要求,公差应为0~2.0p(p为螺距)

图2-26 钢筋丝头1

钢筋丝头宜满足6f级精度要求,应采用专用直螺纹量规检验,通规能顺利旋入并达到要求的拧入长度,止规旋入不得超过3p。抽检数量10%,检验合格率不应小于95%

图2-27 钢筋丝头2

钢筋丝头的锥度和螺距应使用专用锥螺纹量规检验;抽检数量10%,检验合格率不应小于95%

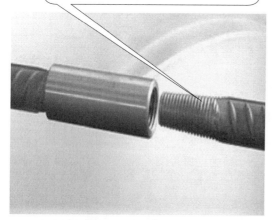

图2-28 钢筋丝头3

安装接头时可用管钳扳手拧紧,应使钢筋丝头在套筒中央位置相互顶紧。标准型接头安装后的外露螺纹不宜超过2p

图2-29 标准型接头

如有1个试件的抗拉强度不符合要求,应再取6个试件进行复检。复检中如仍有1个试件的抗拉强度不符合要求,则该验收批应评为不合格

图2-30 锥螺纹连接接头1

现场检验连续10个验收批抽样试件抗拉强度试验一次合格率为100%时,验收批接头数量可扩大1倍

图2-31 锥螺纹连接接头2

现场截取抽样试件后，原接头位置的钢筋允许采用同等规格的钢筋进行搭接连接，或采用焊接及机械连接方法补接

图 2-32 锥螺纹连接接头 3

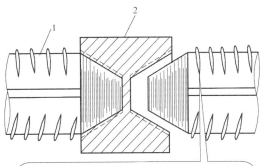

钢筋端部不得有影响螺纹加工的局部弯曲；钢筋丝头长度应满足设计要求，拧紧后的钢筋丝头不得相互接触；丝头加工长度公差应为 $-0.5p\sim1.5p$

图 2-33 钢筋端部大样

1—钢筋；2—套筒

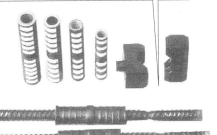

钢筋端部不得有局部弯曲，不得有严重锈蚀和附着物；钢筋端部应有检查插入套筒深度的明显标记，钢筋丝头离套筒中心点长度不宜超过10mm

图 2-34 钢筋挤压系列（钢套筒、挤压模、试件、卡规）

挤压应从套筒中央开始，依次向两端挤压，压痕直径的波动范围应控制在供应商认定的允许波动范围内，并提供专用量规进行检查。挤压后的套筒不得有肉眼可见的裂纹

图 2-35 套管挤压连接接头

（3）钢筋焊接。见图 2-36～图 2-41。

进行电阻点焊、闪光对焊、电渣压力焊或埋弧压力焊时，应随时观察电源电压的波动情况

图 2-36 电渣压力焊连接

钢筋焊接施工之前，应清除钢筋或钢板焊接部位和与电极接触的钢筋表面上的锈斑油污、杂物等；钢筋端部若有弯折、扭曲时，应予以矫直或切除

图 2-37 电弧焊连接 1

图 2-38 电弧焊连接 2　　　　　图 2-39 电弧焊连接 3

图 2-40 电弧焊连接 4　　　　　图 2-41 电弧焊连接 5

钢筋连接方式优缺点介绍。见图 2-42～图 2-44。

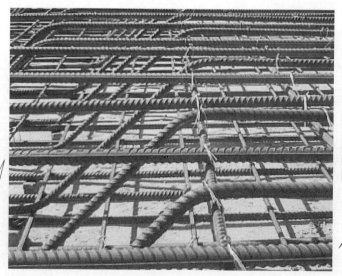

图 2-42 绑扎搭接

2 与钢筋施工有关的规范

图 2-43 焊接连接

图 2-44 机械连接

2.3 钢筋抗震构造要求

2.3.1 三个要求

对抗震钢筋的 3 个要求见图 2-45。
（1）抗震钢筋的实测抗拉强度与实测屈服强度特征值之比不应小于 1.25；
（2）钢筋的实测屈服强度与标准规定的屈服强度特征值之比不应大于 1.30；
（3）钢筋的最大力总伸长不小于 9%。

图 2-45 抗震钢筋

第一条对抗震钢筋规定从屈服到拉断还应承受25%以上的拉力；
第二条保证钢筋屈服强度离散性不会过大而影响到设计对结构延性要求的效果；
第三条由对普通钢筋规定的最大力总伸长率不小于7.5%提高到不小于9%

2.3.2 抗震结构钢筋接头连接部位及要求

（1）柱钢筋接头的设置要求。见图 2-46。

柱根部（基础顶面、嵌固面）以上和梁底面以下≥500mm且≥$H_n/6(H_n/3)$和≥h_c区域为非连接区，且属于柱端箍筋加密区，此范围内不应设置柱钢筋接头，施工中应注意避开。柱纵向钢筋应贯穿中间层节点。不应在中间各层节点内截断，接头应设在节点区以外

图 2-46 柱钢筋接头

（2）墙板钢筋接头的设置要求。见图 2-47。

端柱竖向钢筋连接和锚固要求与框架柱相同。矩形截面独立墙肢，当截面高度不大于截面厚度的4倍时，其竖向钢筋连接和锚固要求与框架柱相同或按设计要求设置

图 2-47 墙板钢筋接头

（3）梁接头的设置要求。见图 2-48、图 2-49。

（4）混凝土现浇板钢筋接头的设置要求。见图 2-50。

图 2-48 梁接头 1

图 2-49 梁接头 2

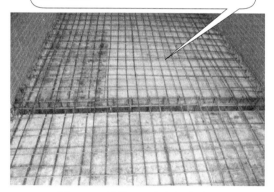

图 2-50 混凝土现浇板钢筋接头

2.3.3 对钢筋工程接头设置的一些建议

（1）选用合适的定尺钢材，钢筋工程下料、加工过程中应预估接头连接部位，按上述要求避让非连接区，加强钢筋连接部位、接头面积百分率的检查，及时调整。

（2）图纸会审或设计交底时，对于工程某些特殊部位的钢筋接头，确需在非连接区连接的应预先提出，经设计人员书面核定后方可实施。

（3）对于因钢筋接头构造原因产生的钢筋损耗，预算人员应增补一定的钢筋。

2.4 钢筋通用图集介绍

2.4.1 图集介绍

（1）11G101-1：混凝土结构施工图平面整体表示方法制图规则和构造详图（现浇混

凝土框架、剪力墙、梁、板）。

11G101-1《混凝土结构施工图平面整体表示方法制图规则和构造详图（现浇混凝土框架、剪力墙、梁、板）》是对03G101-1《混凝土结构施工图平面整体表示方法制图规则和构造详图（现浇混凝土框架、剪力墙、框架-剪力墙、框支剪力墙结构）》、04G101-4《混凝土结构施工图平面整体表示方法制图规则和构造详图（现浇混凝土楼面与屋面板）》的修编。本次修编按《混凝土结构设计规范》GB 50010—2010、《建筑抗震设计规范》GB 50011—2010、《高层混凝土结构技术规程》JGJ 3—2010等新规范对图集中标准构造详图部分进行了修订；结合设计人员的习惯对制图规则部分内容进行了调整；修编将原03G101-1、04G101-4内容合并为一本，将原08G101-5中地下室部分内容与上部结构协调统一后编入，适用于基础顶面以上结构施工图设计，方便设计施工人员使用。

图集中包括基础顶面以上的现浇混凝土柱、墙、梁、楼面与屋面板（有梁楼盖及无梁楼盖）等构件的平面整体表示方法制图规则和标准构造详图两部分内容。

（2）11G101-2：混凝土结构施工图平面整体表示方法制图规则和构造详图（现浇混凝土板式楼梯）。

11G101-2《混凝土结构施工图平面整体表示方法制图规则和构造详图（现浇混凝土板式楼梯）》是对03G101-2《混凝土结构施工图平面整体表示方法制图规则和构造详图（现浇混凝土板式楼梯）》的修编。本次修编按新规范对图集中标准构造详图部分进行了修订；结合设计人员的习惯对制图规则部分增加了剖面注写和列表注写两种方式。本图集适用于非抗震及抗震设防烈度为6～9度地区的现浇钢筋混凝土板式楼梯。

图集中现浇混凝土板式楼梯包括11种类型，其中AT~HT用于非抗震设计及不参与主体结构抗震设计的楼梯，ATa、ATb用于采取滑动措施减轻楼梯对主体（框架）影响的楼梯，ATc用于框架中参与主体结构抗震设计的楼梯。

（3）11G101-3：混凝土结构施工图平面整体表示方法制图规则和构造详图（独立基础、条形基础、筏形基础及桩基承台）。见图2-53。

11G101-3《混凝土结构施工图平面整体表示方法制图规则和构造详图（独立基础、条形基础、筏形基础及桩基承台）》是对04G101-3《混凝土结构施工图平面整体表示方法制图规则和构造详图（筏形基础）》、08G101-5《混凝土结构施工图平面整体表示方法制图规则和构造详图（箱形基础和地下室结构）》、06G101-6《混凝土结构施工图平面整体表示方法制图规则和构造详图（独立基础、条形基础、桩基承台）》的修编。本次修编按新规范对图集中标准构造详图部分进行了修订；结合设计人员的习惯对制图规则部分内容进行了调整；修编将原04G101-3、08G101-5及06G101-6内容合并为一本，适用于基础部分结构施工图设计，方便设计施工人员使用。

（4）12G901-1：混凝土结构施工钢筋排布规则与构造详图（现浇混凝土框架、剪力墙、梁、板）。见图2-51。

12G901-1《混凝土结构施工钢筋排布规则与构造详图（现浇混凝土框架、剪力墙、梁、板）》国家建筑标准设计图集是对11G101-1《混凝土结构施工图平面整体表示方法制图规则和构造详图（现浇混凝土框架、剪力墙、梁、板）》图集构造内容、施工时钢筋排布构造的深化设计。图集可指导施工人员进行钢筋施工排布设计、钢筋翻样计算和现场安装绑扎，确保施工时钢筋排布规范有序，使实际施工建造满足规范规定和设计要求，并可辅助设计人员进行合理的构造方案选择，实现设计构造与施工建造的有机衔接，全面保证工程设计与施工质量。

（5）12G901-2：混凝土结构施工钢筋排布规则与构造详图（现浇混凝土板式楼梯）。见图2-52。

图2-51　12G901-1

图2-52　12G901-2

12G901-2《混凝土结构施工钢筋排布规则与构造详图（现浇混凝土板式楼梯）》国家建筑标准设计图集是对11G101-2《混凝土结构施工图平面整体表示方法制图规则和构造详图（现浇混凝土板式楼梯）》图集构造内容、施工时钢筋排布构造的深化设计。图集可指导施工人员进行钢筋施工排布设计、钢筋翻样计算和现场安装绑扎，确保施工时钢筋排布规范有序，使实际施工建造满足规范规定和设计要求；并可辅助设计人员进行合理的构造方案选择，实现设计构造与施工建造的有机衔接，全面保证工程设计与施工质量。

（6）12G901-3：混凝土结构施工钢筋排布规则与构造详图（独立基础、条形基础、筏形基础、桩基承台）。见图2-53。

图2-53　12G901-3

12G901-3《混凝土结构施工钢筋排布规则与构造详图（独立基础、条形基础、筏形基础、桩基承台）》国家建筑标准设计图集是对11G101-3《混凝土结构施工图平面整体表示方法制图规则和构造详图（独立基础、条形基础、筏形基础及桩基承台）》图集构造内容、施工时钢筋排布构造的深化设计。图集可指导施工人员进行钢筋施工排布设计、钢筋翻样计算和现场安装绑扎，确保施工时钢筋排布规范有序，使实际施工建造满足规范规定和设计要求，并可辅助设计人员进行合理的构造方案选择，实现设计构造与施工建造的有机衔接，全面保证工程设计与施工质量。

2.4.2 主要内容

（1）悬臂梁平法详解。见图 2-54～图 2-58。

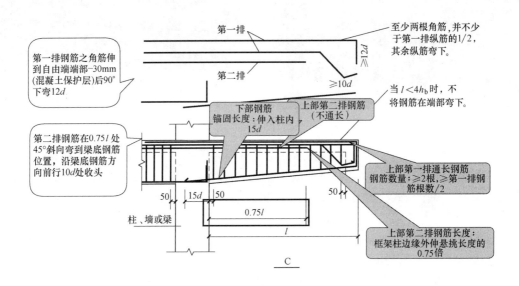

图 2-54 悬挑梁平法详解

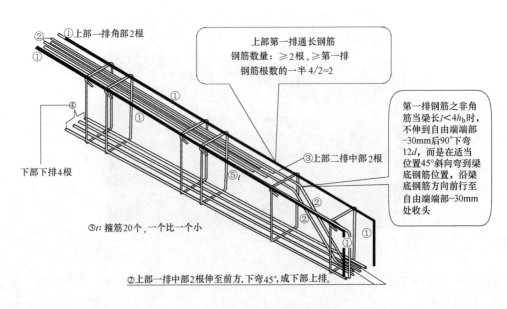

图 2-55 悬挑梁钢筋绑扎轴测图

2 与钢筋施工有关的规范

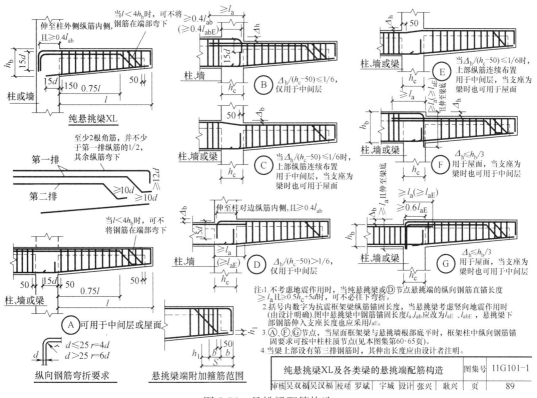

图 2-56 悬挑梁配筋构造

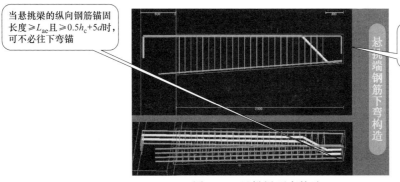

图 2-57 悬挑梁下弯构造

图 2-58 悬挑梁特殊钢筋弯折构造

(2) 框支梁平法详解。见图 2-59、图 2-60。

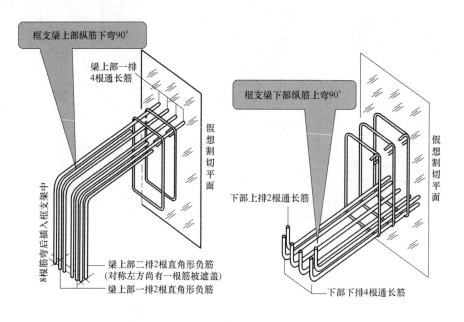

图 2-59　框支梁尽端下部钢筋具体示意图

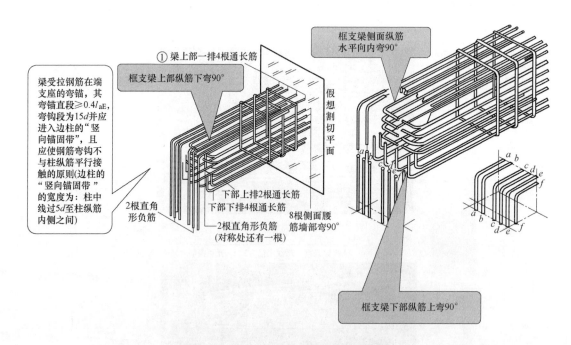

图 2-60　框支梁尽端下部钢筋绑扎示意图

(3) 附加箍筋范围、附加吊筋构造。见图 2-61、图 2-62。
(4) 箍筋加密区长度规定。见图 2-63、表 2-7。
(5) 梁加腋构造，不伸入支座的梁下部纵筋构造。见图 2-64～图 2-66。

2 与钢筋施工有关的规范

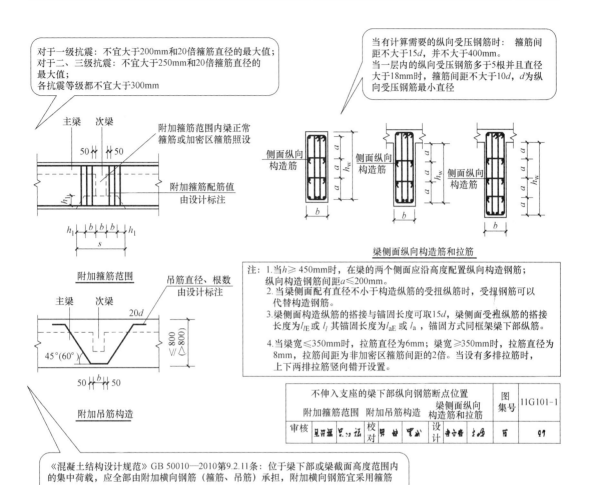

图 2-61 附加吊筋构造

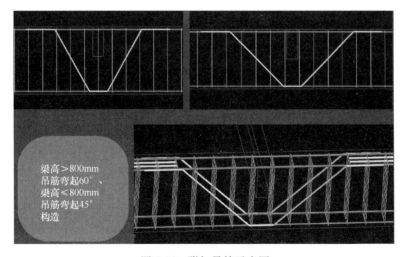

图 2-62 附加吊筋示意图

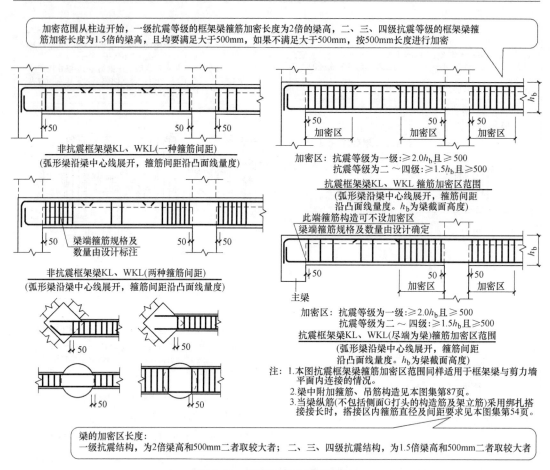

图 2-63 箍筋加密区长度规定

抗震框架柱和小墙肢箍筋加密区高度选用表（mm）　　　　　　　　　　　　表 2-7

柱净高 H_n(mm)	柱截面长边尺寸 h_c 或圆柱直径 D																		
	400	450	500	550	600	650	700	750	800	850	900	950	1000	1050	1100	1150	1200	1250	1300
1500																			
1800	500									箍筋全高加密									
2100	500	500	500																
2400	500	500	500	550															
2700	500	500	500	550	600	650													
3000	500	500	500	550	600	650	700												
3300	550	550	550	550	600	650	700	750	800										
3600	600	600	600	600	600	650	700	750	800	850									
3900	650	650	650	650	650	650	700	750	800	850	900	950							
4200	700	700	700	700	700	700	700	750	800	850	900	950	1000						
4500	750	750	750	750	750	750	750	750	800	850	900	950	1000	1050	1100				
4800	800	800	800	800	800	800	800	800	800	850	900	950	1000	1050	1100	1150			
5100	850	850	850	850	850	850	850	850	850	850	900	950	1000	1050	1100	1150	1200	1250	
5400	900	900	900	900	900	900	900	900	900	900	900	950	1000	1050	1100	1150	1200	1250	1300
5700	950	950	950	950	950	950	950	950	950	950	950	950	1000	1050	1100	1150	1200	1250	1300
6000	1000	1000	1000	1000	1000	1000	1000	1000	1000	1000	1000	1000	1000	1050	1100	1150	1200	1250	1300
6300	1050	1050	1050	1050	1050	1050	1050	1050	1050	1050	1050	1050	1050	1050	1100	1150	1200	1250	1300
6600	1100	1100	1100	1100	1100	1100	1100	1100	1100	1100	1100	1100	1100	1100	1100	1150	1200	1250	1300
6900	1150	1150	1150	1150	1150	1150	1150	1150	1150	1150	1150	1150	1150	1150	1150	1150	1200	1250	1300
7200	1200	1200	1200	1200	1200	1200	1200	1200	1200	1200	1200	1200	1200	1200	1200	1200	1200	1250	1300

2 与钢筋施工有关的规范

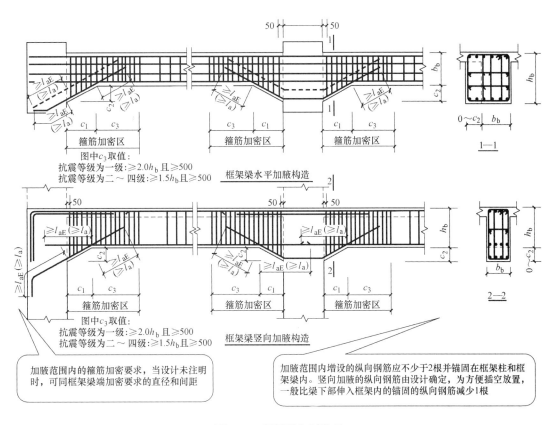

图 2-64 框架梁加腋构造

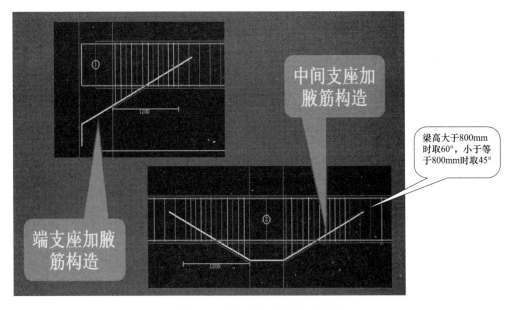

图 2-65 框架梁加腋局部示意图

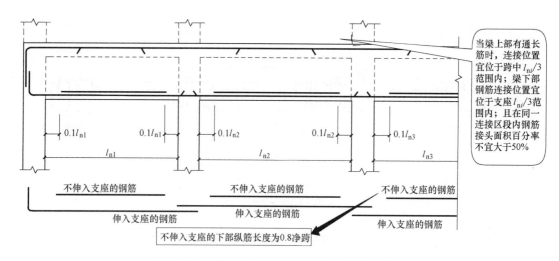

图 2-66　不伸入支座的梁下部纵向钢筋断点位置

(6) 梁、柱纵向受力钢筋箍筋加密区的配置。见图 2-67～图 2-69。

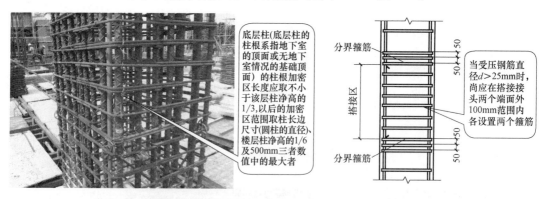

图 2-67　柱箍筋加密配置　　　　图 2-68　柱中箍筋

图 2-69　梁箍筋加密配置

(7) 混凝土结构保护层厚度要求。见表 2-8。

1) 构件中受力钢筋的保护层厚度不应小于钢筋的公称直径；

2）混凝土强度等级不大于C25时，表中保护层厚度应增加5mm；

3）基础底面钢筋的保护层厚度，有垫层时应从垫层顶面算起，且不应小于40mm；无垫层时不应小于70mm。承台底面钢筋保护层厚度尚不应小于桩头嵌入承台内的长度。

混凝土保护层的最小厚度（mm）　　　　　　表 2-8

环境类别	板、墙	梁、柱
一	15	20
二 a	20	25
二 b	25	35
三 a	30	40
三 b	40	50

（8）钢筋代换应遵循以下原则。见图 2-70。

钢筋代换时，必须充分了解设计意图和代换材料性能，并严格遵守现行国家标准《混凝土结构设计规范》GB 50010—2010的各项规定；凡重要结构中的钢筋代换，应征得设计单位同意。

1. 对某些重要构件，如吊车梁、薄腹梁、桁架下弦等，不宜用HPB235级光圆钢筋代替HRB335和HRB400级带肋钢筋。

2. 无论采用哪种方法进行钢筋代换后，应满足配筋构造规定，如钢筋的最小直径、间距、根数、锚固长度等。

3. 同一截面内，可同时配有不同种类和直径的代换钢筋，但每根钢筋的拉力差不应过大（如同品种钢筋的直径差值一般不大于5mm），以免构件受力不均匀。

4. 梁的纵向受力钢筋与弯起钢筋应分别代换，以保证正截面与斜截面强度。

5. 偏心受压构件（如框架柱、有吊车厂房柱、桁架上弦等）或偏心受拉构件作钢筋代换时，不取整个截面配筋量计算，应按受力面（受压或受拉）分别代换。

6. 用高强度钢筋代换低强度钢筋时应注意构件所允许的最小配筋百分率和最少根数。

7. 用几种直径的钢筋代换一种钢筋时，较粗钢筋位于构件角部。

8. 当构件受裂缝宽度或挠度控制时，用粗钢筋等强度代换细钢筋，或用HPB235级光面钢筋代换HRB335级螺纹钢筋时需重新验算裂缝宽度。如以小直径钢筋代换大直径钢筋，强度等级低的钢筋代替强度等级高的钢筋，则可不作裂缝宽度验算。如代换后钢筋总截面面积减少应同时验算裂缝宽度和挠度。

9. 根据钢筋混凝土构件的受荷情况，如果经过截面的承载力和抗裂性能难以确认设计因荷载取值过大配筋偏大或虽然荷载取值符合实际但经验算结果发现原配筋偏大，作钢筋代换时可适当减少配筋。但须征得设计同意，施工方不得擅自减少设计配筋。

当需要进行钢筋代换时，应办理设计变更文件。钢筋代换主要包括钢筋的品种、级别、规格、数量等的改变

钢筋代换后的钢筋混凝土构件，纵向钢筋总承载力设计值应相等。应满足最小配筋率、最大配筋率和钢筋间距等构造要求。同一钢筋混凝土构件中，同一部位纵向受力钢筋应采用同一牌号的钢筋

钢筋强度和直径改变后，应验算正常使用阶段的挠度和裂缝宽度是否在允许范围内

图 2-70　钢筋代换注意事项

（9）框架柱节点核心区水平箍筋加密区的配置。见图 2-71。

抗震设计的框架节点核心区中水平箍筋，应按施工图设计文件中的要求配置复合箍筋，不得随意减少。当节点区设置复合箍筋时，除外圈必须采用封闭箍筋外，其他核心区中部箍筋可采用拉筋代替

对无抗震设防的框架结构节点核心区内的水平箍筋（柱箍筋），构造要求就相对松一些，箍筋的间距不宜大于250mm，且不应大于柱短边尺寸及15d，（d为纵向受力钢筋的最小直径，亦不包括顶层端节点）。对于四边有框架梁与柱相连的节点核心区，可仅沿节点周边设置矩形箍筋。其他情况应按设计图纸要求设置水平箍筋

图 2-71　框架柱节点核心区水平箍筋加密区的配置

(10) 基础顶面和嵌固部位之间的关系。见图 2-72、图 2-73。

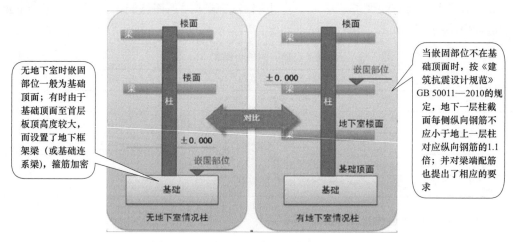

图 2-72 基础顶面和嵌固部位之间的关系

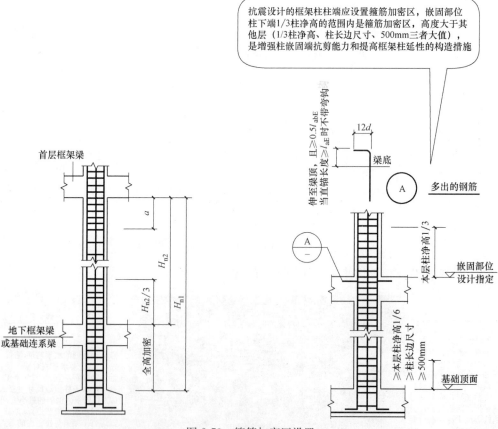

图 2-73 箍筋加密区设置

(11) 框架柱纵向受力钢筋楼层的上下和柱根部范围内设置非连接区。见图 2-74～图 2-76。

(12) 芯柱内的纵向钢筋和箍筋构造要求。见图 2-77、图 2-78。

2 与钢筋施工有关的规范

抗震设计的框架柱非连接区，即柱端箍筋加密区+节点核心区，如图2-78所示。底层柱柱根(嵌固部位)箍筋加密区$\geq H_n/3$；其他部位箍筋加密区$\geq H_n/6$、$\geq 500mm$；H_n为加密区所在层柱净高

图 2-74 框架柱现场示意图

非连接区是纵向钢筋要求连续通过的区域(该区域纵筋不宜连接)，抗震设计的框架柱才有非连接区的规定。对于抗震设计的框架柱，柱端箍筋加密区、节点核心区是其关键部位，为实现"强节点"的要求，纵向受力钢筋接头要求尽量避开这两个部位

实际工程中，接头位置无法避开非连接区时，应采用满足等强度要求的机械连接接头，且接头百分率不宜超过50%

图 2-75 楼层框架柱箍筋加密 　　图 2-76 框架柱机械连接

芯柱的截面尺寸不宜小于柱边长的1/3，且不应小于250mm。
芯柱内根据施工图中的要求，单独配置箍筋

纵向钢筋应在芯柱的上、下楼层中锚固，其做法与框架柱的构造要求相同

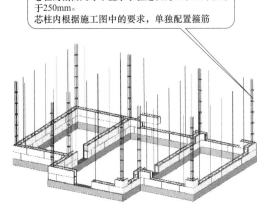

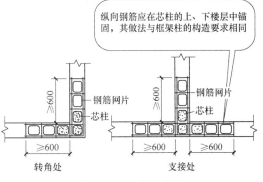

图 2-77 芯柱示意图　　　　图 2-78 芯柱构造图

(13) 框支梁、框支柱抗震设计和非抗震设计中构造措施要求。见图2-79～图2-82。

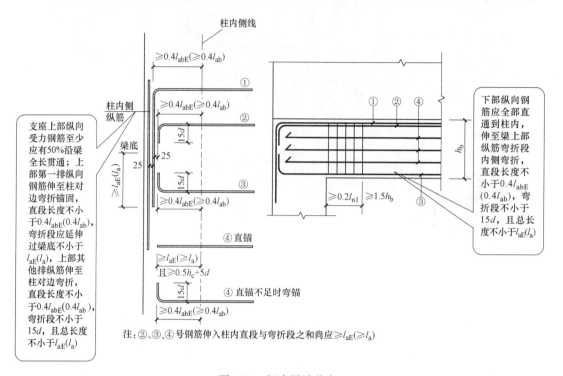

图 2-79 框支梁端节点

图 2-80 框支梁纵向钢筋机械连接

图 2-81 框支柱示意图

(14) 剪力墙约束边缘构件、构造边缘构件中纵向钢筋在顶层楼板处锚固处理及剪力墙中的端柱和边框梁在顶层节点处的构造做法。见图2-83、图2-84。

(15) 剪力墙中的竖向分布钢筋和水平分布钢筋与墙中洞口说明。见图2-85、图2-86。

2 与钢筋施工有关的规范

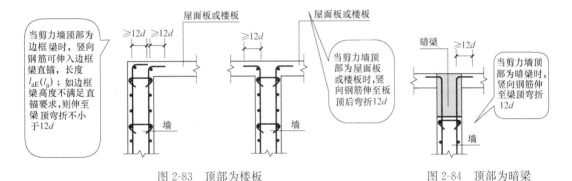

沿梁腹板高度应配置间距不大于200mm，直径不小于16mm的腰筋；伸入柱中锚固长度$\geq l_{aE}(l_a)$，且过柱中线$5d$；直锚长度不足时伸至梁上部纵筋弯折段内侧弯折，直段长度不小$0.4 l_{abE}$（$0.4 l_{ab}$），弯折段$15d$，且总长度不小于$l_{aE}(l_a)$

框支柱在上部墙体范围内的纵向钢筋，应伸入上部墙体内不少于一层。其余钢筋应锚入梁内或板内。锚入梁内的钢筋长度，从柱边算起不少于$l_{aE}(l_a)$

图 2-82 框支柱构造示意图

当剪力墙顶部为边框梁时，竖向钢筋可伸入边框梁直锚，长度$l_{aE}(l_a)$；如边框梁高度不满足直锚要求，则伸至梁顶弯折不小于$12d$

当剪力墙顶部为屋面板或楼板时，竖向钢筋伸至板顶后弯折$12d$

当剪力墙顶部为暗梁时，竖向钢筋伸至梁顶弯折$12d$

图 2-83 顶部为楼板   图 2-84 顶部为暗梁

通常情况下剪力墙中的水平分布钢筋位于外侧，而竖向分布钢筋位于水平分布钢筋的内侧。其钢筋的保护层厚度与墙中分布钢筋的保护层厚度要求；边框梁的宽度大于剪力墙的厚度，剪力墙中的竖向分布钢筋应从边框梁内穿过，边框梁和剪力墙分别满足各自钢筋的保护层厚度要求

连系梁用于所有剪力墙中洞口位置，连接两片墙肢。其纵向钢筋自洞口边伸入墙体内长度不小于$l_{aE}(l_a)$，且不小于600mm

图 2-85 约束边缘构造

图 2-86 剪力墙洞口

(16) 框架梁或连续梁支座处非通长筋的伸出长度说明。见图 2-87～图 2-89。

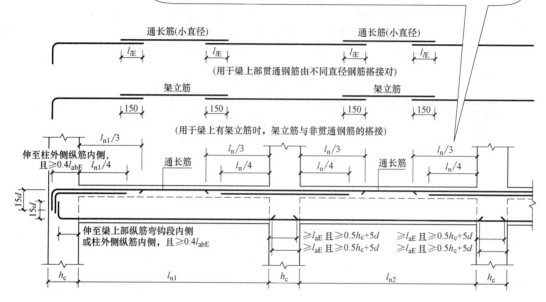

图 2-87 抗震楼层框架梁 KL 纵向钢筋构造

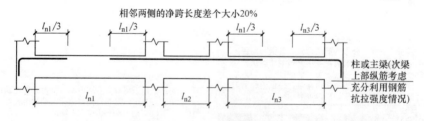

图 2-88 各跨长度相差较大

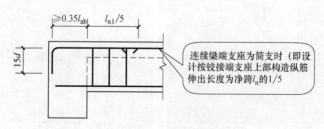

图 2-89 按简支设计的连续梁端支座

（17）梁纵向钢筋的锚固和梁端箍筋加密的处理措施。见图2-90、图2-91。

图2-90　梁纵向钢筋的锚固

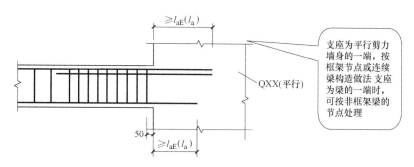

图2-91　梁与剪力墙平面内相交

（18）梁腰筋的配置要求及构造要求。见图2-92。

图2-92　腰筋示意图

(19) 如何理解双向板及单向板。见图 2-93。

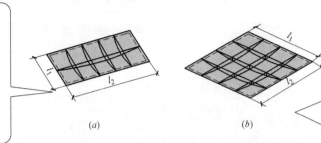

图 2-93 单向板、双向板
(a) 单向板；(b) 双向板

(20) 如何理解楼板和屋面板中配置的各种钢筋。见图 2-94、图 2-95。

图 2-94 现浇板配筋图

图 2-95 现浇板现场配筋图

(21) 悬挑板的放射钢筋应该布置在什么区域内，其钢筋的间距伸入支座内的长度及钢筋布置情况。见图 2-96～图 2-99。

(22) 现浇板式楼梯的斜向分布钢筋布置方法。见图 2-100～图 2-103。

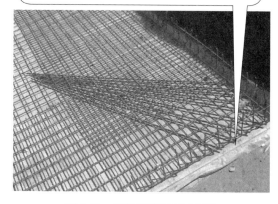

图 2-96 放射钢筋局部示意图

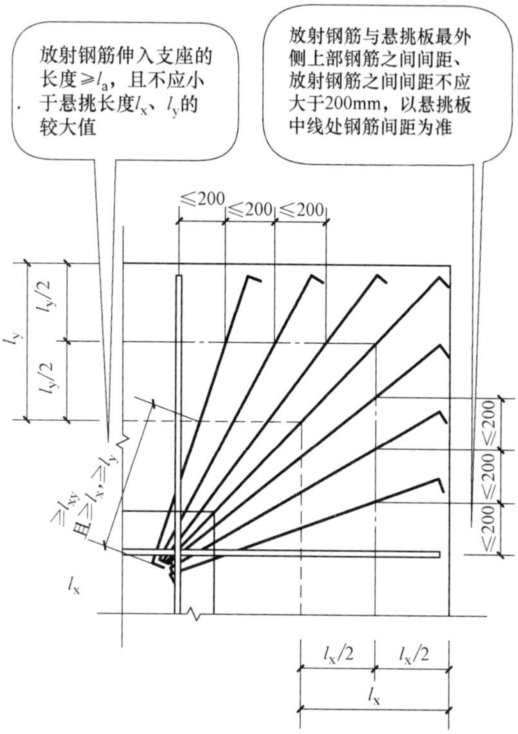

图 2-97 悬挑板阳角放射钢筋

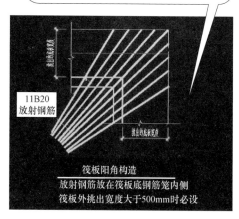

图 2-98 筏板阳角放射钢筋构造

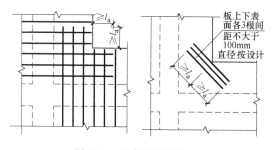

图 2-99 悬挑板阴角构造

(23) 柱纵向钢筋在基础内的锚固要求。

1) 独立基础、柱下条形基础。见图 2-104、图 2-105。
2) 桩基。见图 2-106。
3) 筏形基础。见图 2-107。

现浇双向板斜方向的受力钢筋，应按垂直斜面计算钢筋的间距s

现浇单向板斜方向的受力钢筋按垂直斜面计算钢筋的间距s；当斜方向为分布钢筋时，也应按垂直斜面方向布置钢筋间距s

现浇钢筋混凝土板式楼梯中的分布钢筋，应按垂直斜面方向布置钢筋间距s，且宜每个踏步布置一根分布钢筋

图2-100 楼梯配筋图

图2-101 楼梯钢筋布置图

当现浇混凝土板为斜向板时，对于双向板两个方向都是受力钢筋，不应按垂直地面间距摆放斜方向的钢筋，特别是当斜度很大时，会造成垂直于板斜向的间距较大，不能满足受力的要求；对于单向板斜向为受力方向时，钢筋的间距应按垂直于板斜面计算。斜方向为分布钢筋时，其间距也不应按垂直地面计算

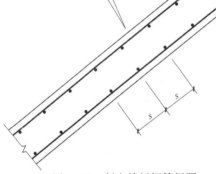

图2-102 斜向楼板钢筋间距

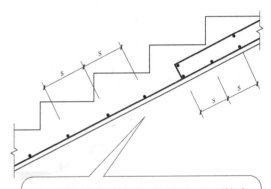

根据《混凝土结构设计规范》GB 50010—2010的规定，分布钢筋也有最小配筋率的要求，倘若分布钢筋的间距按垂直地面方向布置，会不满足最小配筋率的要求。现浇板式楼梯在斜面上应布置垂直于受力钢筋方向的分布钢筋，其间距也不应按垂直地面计算

图2-103 现浇板式楼体分布钢筋间距

当基础高度满足直锚要求时，柱插筋的锚固长度应满足$\geq l_{aE}(\geq l_a)$，插筋的下端宜做$6d$且$\geq 150mm$的直钩放在基础底部钢筋网片上

当基础高度$h_j \geq 1400mm$(或经设计判定柱为轴心受压或小偏心受压构件，$h_j \geq 1200mm$)时，可仅将四角的插筋伸至基础底部，其余插筋锚固在基础顶面下$\geq l_{aE}(\geq l_a)$

当基础高度不能满足直锚要求时，柱插筋伸入基础内直段长度应满足$\geq 0.6l_{aE}(\geq 0.6l_a)$，插筋下端弯折$15d$放在基础底部钢筋网片上

图2-104 基础配筋图1

图2-105 基础配筋图2

图 2-106 桩基配筋图

图 2-107 筏形基础现场图

(24) 混凝土墙纵向钢筋在基础内的锚固要求。见图 2-108～图 2-110。

图 2-108 钢筋在基础内的锚固示意图

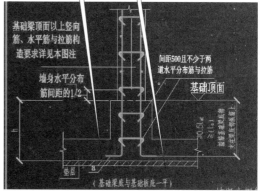

图 2-109 基础配筋图

(25) 独立深基础短柱构造要求，柱内纵向钢筋锚固方法及箍筋加密要求。见图 2-111、图 2-112。

(26) 墙下条形基础与柱下条形基础的区别及梁板式条形基础和板式条形基础分布钢筋布置。见图 2-113、图 2-114。

(27) 基础梁、梁板式筏形基础平板中上部纵向钢筋连接区域要求。见图 2-115、图 2-116。

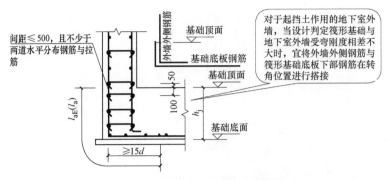

图 2-110 墙插筋在基础中锚固构造

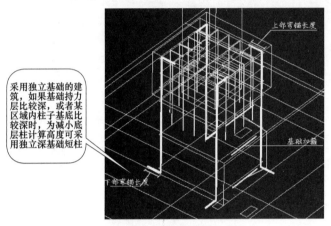

图 2-111 短柱配筋图

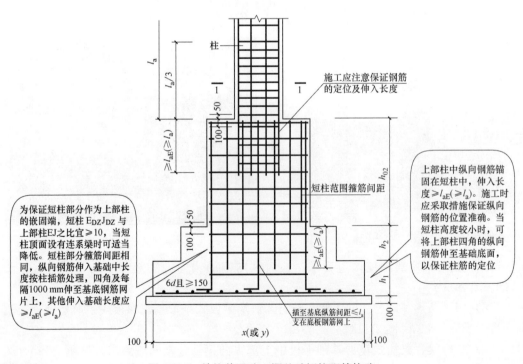

图 2-112 单柱普通独立深基础短柱配筋构造

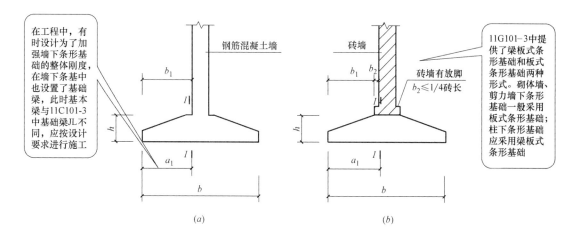

图 2-113 条形基础
(a) 钢筋混凝土墙下条基；(b) 砖墙下条基

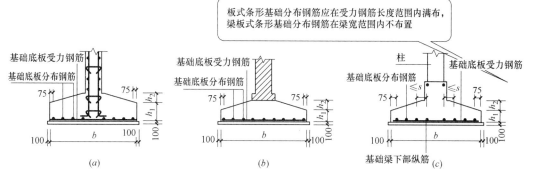

图 2-114 墙下条形基础与柱下条形基础
(a) 剪力墙；(b) 砌体墙；(c) 柱

图 2-115 基础梁现场图

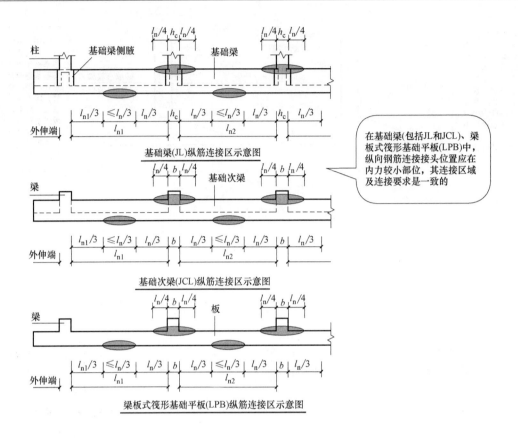

图 2-116 纵筋连接区示意图

(28) 筏形基础底板上剪力墙洞口设置过梁构造要求。见图 2-117。

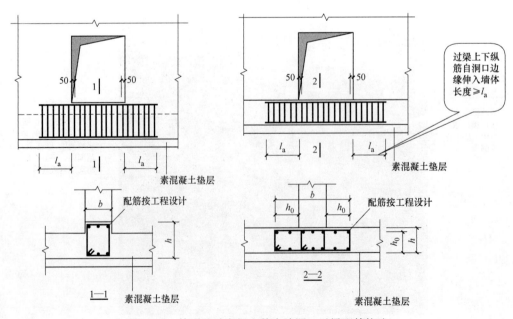

图 2-117 筏形基础底板上剪力墙洞口过梁配筋构造

（29）边柱和角柱柱顶纵向钢筋构造。见图2-118～图2-121。

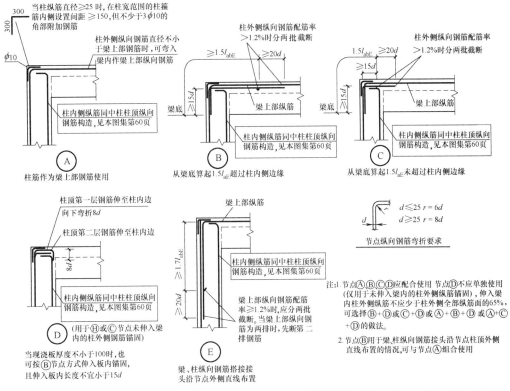

图2-118　边柱和角柱钢筋构造

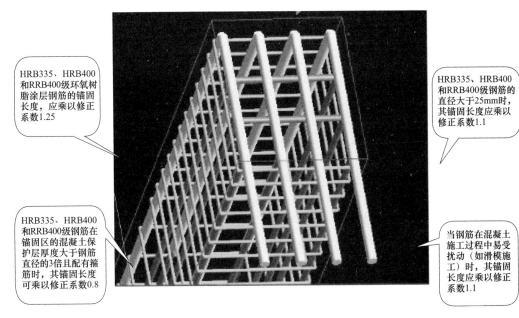

图2-119　B型边、角柱顶部钢筋构造

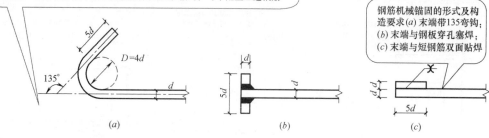

图 2-120 机械锚固的形式
(a) 末端带 135°弯钩；(b) 末端与钢板穿孔塞焊；(c) 末端与短钢筋双面贴焊

图 2-121 C、D、E 型边、角柱钢构造

2.5 钢筋相应规范介绍

2.5.1 规范介绍

（1）多层砖房设置钢筋混凝土构造柱抗震设计与施工规程

《多层砖房设置钢筋混凝土构造柱抗震设计与施工规程》JCJ 13—1982（以下简称《构造柱规程》）是对《工业与民用建筑抗震设计规范》TJ 11—78（以下简称《抗震规范》）中砖混结构有关条款的详细说明和补充，是我国多层砖房的第一本抗震施工规程，这对提高地震区的建筑施工有很大的指导作用。

（2）钢筋焊接网混凝土结构技术规程

本规程主要适用于工业与民用房屋建筑、市政工程及一般构筑物中采用冷轧带肋钢筋、热轧带肋钢筋或冷拔光面钢筋焊接网配筋的板类构件、墙体、桥面、路面、焊接箍筋笼的梁柱以及构筑物等混凝土结构工程的设计与施工。

本规程所涉及的钢筋焊接网系指在工厂制造、采用专门的设备、符合有关标准规定按一定设计要求进行电阻点焊而制成的焊接网。近些年，国内焊接网产量和厂家逐年增加，应用范围逐渐扩大,有大量工程实践,提供了丰富的设计施工经验和试验数据,又专门补充了一定量的构件及材性试验,为规程修订提供了充分依据。在编制过程中适当借鉴了国外的有关标准、规范,以及工程经验和科研成果。

(3) 钢筋机械连接通用技术规程

《钢筋机械连接通用技术规程》是在国内钢筋机械连接技术迅猛发展,不少地区和部门相继编制了一些地方标准和企业标准的情况下编制的。鉴于钢筋接头对工程结构的质量、安全有重大影响,为了对各种类型钢筋机械接头(如挤压套筒接头、锥螺纹套筒接头等)的基本性能要求、应用范围、检验验收方法等制定出统一规定,协调各类机械接头、焊接接头和混凝土结构设计规范等相关标准规范之间的关系,促进机械连接技术的健康发展,特制定本通用规程。按照标准规范体系的统一部署,各种类型的钢筋机械连接应在遵守本规程的前提下编制各自的专业规程。

(4) 带肋钢筋套管挤压连接技术规程

本标准适用于建筑工程、构筑物的钢筋混凝土结构中带肋钢筋套筒挤压连接施工。

(5) 钢筋锥螺纹接头技术规程

为了在混凝土结构中采用钢筋锥螺纹接头(简称接头),做到经济合理、确保质量制定本规程。

本规程适用于工业与民用建筑的混凝土结构中,直径为 16～40mm 的Ⅱ、Ⅲ级钢筋连接。

用钢筋锥螺纹接头连接的钢筋,应符合现行国家标准《钢筋混凝土用钢 第 2 部分:热轧带肋钢筋》GB 1499.2—2007/×G 1—2009 及《钢筋混凝土用余热处理钢筋》GB 13014—2013 的要求。执行本规程时尚应符合国家其他现行标准的有关规定。

现行最新规范是《钢筋锥螺纹接头技术规程》JGJ 107—2010 版本,取代 1996 年版本。

(6) 冷轧带肋钢筋混凝土结构技术规程

为了在冷轧带肋钢筋混凝土结构的设计与施工中贯彻执行国家的技术经济政策,做到技术先进、经济合理、安全适用、确保质量制定本规程。

本规程适用于工业与民用房屋和一般构筑物采用冷轧带肋钢筋配筋的钢筋混凝土结构和先张法预应力混凝土中小型结构构件的设计与施工。

对于直接承受动力荷载作用的结构构件当采用冷轧带肋钢筋作为受力主筋时其设计参数应通过试验确定。

对于冷轧带肋钢筋配筋的钢筋混凝土结构和先张法预应力混凝土结构构件的设计与施工,除执行本规程的规定外尚应按国家有关的现行标准执行。

(7) 钢筋焊接接头试验方法标准

为统一钢筋焊接接头的试验方法、正确评价焊接接头性能制定本标准。本标准适用于工业与民用建筑及一般构筑物的混凝土结构中的钢筋焊接接头的拉伸、剪切、弯曲、冲击和疲劳等试验,试验应在室温下进行。钢筋焊接接头或焊接制品在质量验收时其抽样方法试样数量及质量要求均应符合现行行业标准《钢筋焊接及验收规程》JGJ 18—2012 中的有关规定。

在进行钢筋焊接接头性能试验时除应符合本标准的规定外尚应符合国家现行有关强制性标准的规定。

(8) 预应力筋用锚具、夹具和连接器应用技术规程

为了在预应力混凝土结构工程中合理应用和进场验收预应力筋用锚具、夹具和连接器，统一其技术要求，制定本规程。

本规程适用于预应力混凝土结构工程中使用的预应力筋用锚具、夹具和连接器。对于有特殊要求的工程，尚应遵守有关的专门规定。

预应力混凝土结构工程中使用的预应力筋用锚具、夹具和连接器，除应符合本规程的要求外，尚应符合国家现行有关强制性标准的规定。

2.5.2 主要内容

(1) 多层砖房设置钢筋混凝土构造柱抗震设计与施工规程

1) 设置构造柱的一般规定。见图2-9、表2-10、图2-122。

设置构造柱的多层砖房总高度和总层数限值 表2-9

抗震墙布置	抗震设防烈度							
	6度		7度		8度		9度	
	高度(m)	层数	高度(m)	层数	高度(m)	层数	高度(m)	层数
横墙较多	24	八	21	七	18	六	12	四
横墙较少	21	七	18	六	15	五	9	三

注：1. 房层的高度是指室外地坪到主建筑物檐口的高度。半地下室可从地下室室内地面算起，全地下室可从室外地坪算起；
2. 横墙较多是指横墙间距均不大于4.2m，或横墙间距大于4.2m的房间的面积在某一层内不大于该层总面积的1/4，否则为横墙较少；
3. 本表适用于最小墙厚为240mm及240mm以上的实心墙；
4. 房屋的层高不宜超过4m。

多层构造柱设置 表2-10

房屋层数				外廊式和单面走廊式多层砖房，应根据房屋实际层数增加一层的层数，且单面走廊两侧的纵墙均应按外墙处理	
6度	7度	8度	9度		
四、五	三、四	二、三		外墙四角，错层部位横墙与外纵墙交接处，较大洞口两侧，大房间内外墙交接处	7~8度时，楼、电梯间的四角
六~八	五、六	四	二		隔一开间(轴线)横墙与外墙交接处，山墙与内纵墙交接处
					7~9度时，楼、电梯间的四角
	七	五、六	三、四		内墙(轴线)与外墙交接处，内墙局部较小墙垛处
					7~9度时，楼、电梯间的四角
					8度时无洞口内横墙与内纵墙交接处
					9度时内纵墙与横墙(轴线)交接处

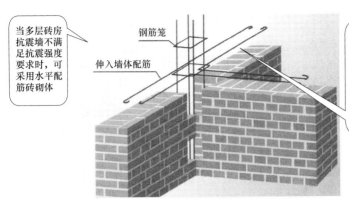

图 2-122 构造柱示意图

2）抗震结构体系圈梁的设置。见图 2-123、表 2-11。

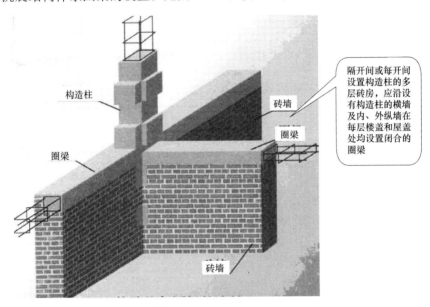

图 2-123 圈梁设置示意图

局部加强的圈梁最大间距（mm）　　　　表 2-11

设防烈度	最大间距
6、7	15
8	11

注：1. 其截面最小高度不宜小于240mm；
　　2. 内走廊房屋沿横向设置的圈梁或现浇混凝土带，均应穿过走廊拉通，并隔一定距离将穿过走廊部分的圈梁局部加强。

3）构造柱构造措施。见图 2-124、图 2-125。
4）水平筋构造措施。见图 2-126、图 2-127。

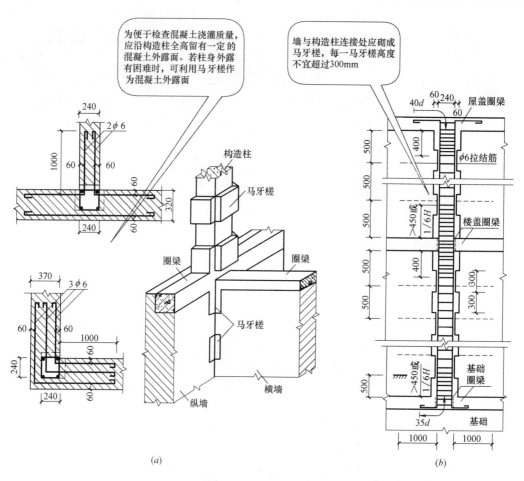

图 2-124 构造柱节点图
（a）构造柱圈梁设置；（b）马牙槎构造

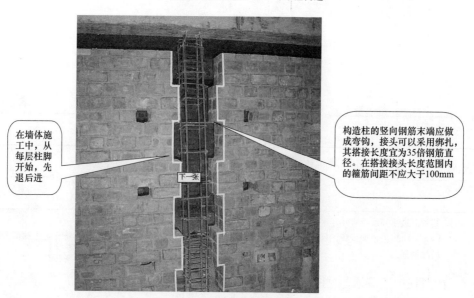

图 2-125 构造柱现场图

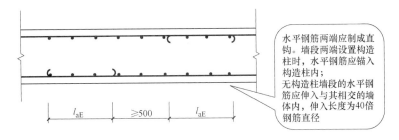

图 2-126 水平钢筋的搭接长度

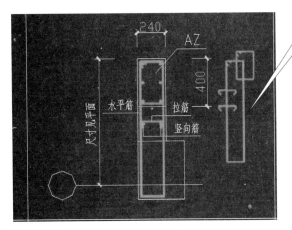

图 2-127 水平钢筋示意图

5)底层框架——抗震墙砖房构造措施。见图 2-128。

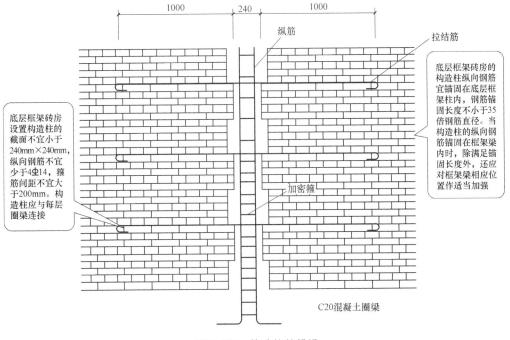

图 2-128 构造柱的排设

(2) 钢筋焊接网混凝土结构技术规程

1) 焊接网的搭接方式。见图 2-129～图 2-131。

在混凝土结构构件中,当焊接网片长度或宽度不够时,按一定要求将两张网片互相叠合或镶入而形成的连接。

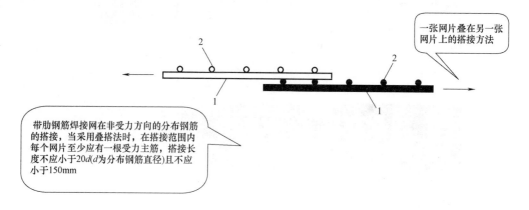

图 2-129　叠搭法
1—纵向钢筋；2—横向钢筋

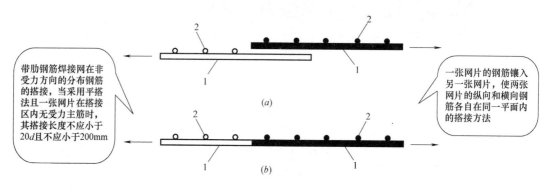

图 2-130　平搭法
(a) 搭接前；(b) 搭接后
1—纵向钢筋；2—横向钢筋

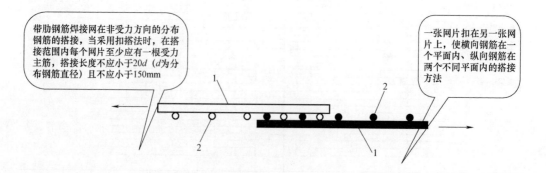

图 2-131　扣搭法
1—纵向钢筋；2—横向钢筋

2) 钢筋焊接网的一般规定。见图 2-132、图 2-133。

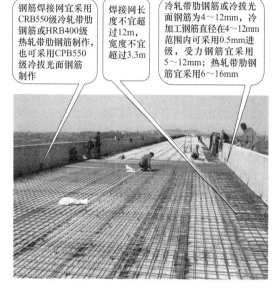

图 2-132 钢筋焊接网 1

图 2-133 钢筋焊接网 2

3) 钢筋焊接网混凝土的一般规定。见图 2-134。

图 2-134 底板混凝土

4) 钢筋焊接网的构造规定。见表 2-12、表 2-13、图 2-135～图 2-141。

纵向受力钢筋的混凝土保护层最小厚度（mm）　　　表2-12

环境类别		混凝土强度等级		
		C20	C25~C45	≥C50
一		20	15	15
二	a	—	20	20
	b	—	25	20
三		—	30	25

注：1. 处于一类环境且由工厂生产的预制构件，当混凝土强度等级不低于C20时，其保护层厚度可按表中规定减少5mm，但不应小于15mm；处于二类环境且由工厂生产的预制构件，当表面采取有效保护措施时，保护层厚度可按表中一类环境数值取用；
2. 构造钢筋的保护层厚度不应小于本表中相应数值减10mm，且不应小于10mm；梁、柱中箍筋、构造钢筋和箍筋笼的保护层厚度不应小于15mm；
3. 基础中纵向受力钢筋的保护层厚度不应小于40mm，当无垫层时不应小于70mm；
4. 有防火要求的建筑物，其保护层厚度尚应符合国家现行有关防火规范的规定。

钢筋混凝土路面用钢筋焊接网的最小直径及最大间距应符合现行行业标准《公路水泥混凝土路面设计规范》JTG D40—2011的规定。当采用冷轧带肋钢筋时，钢筋直径不应小于8mm，纵向钢筋间距不应大于200mm，横向钢筋间距不应大于300mm。焊接网的纵横向钢筋宜采用相同的直径，钢筋的保护层厚度不应小于50mm。钢筋混凝土路面补强用的焊接网可按钢筋混凝土路面用焊接网的有关规定执行

图2-135　钢筋混凝土路面焊接网

纵向受拉带肋钢筋焊接网最小锚固长度　　　表2-13

钢筋焊接网类型		混凝土强度等级				
		C20	C25	C30	C35	≥C40
CRB550级钢筋焊接网	锚固长度内无横筋	40d	35d	30d	28d	25d
	锚固长度内有横筋	30d	26d	23d	21d	20d
HRB400级钢筋焊接网	锚固长度内无横筋	45d	40d	35d	32d	30d
	锚固长度内有横筋	35d	31d	28d	25d	23d

注：1. 当焊接网中的纵向钢筋为并筋时，其锚固长度应按表中数值乘以系数1.4后取用；
2. 当锚固区内无横筋、焊接网的纵向钢筋净距不小于$5d$（d为纵向钢筋直径）且纵向钢筋保护层厚度不小于$3d$时，表中钢筋的锚固长度可乘以0.8的修正系数，但不应小于本表注3规定的最小锚固长度值；
3. 在任何情况下，锚固区内有横筋的焊接网的锚固长度不应小于200mm；锚固区内无横筋时焊接网钢筋的锚固长度，对冷轧带肋钢筋不应小于200mm，对热轧带肋钢筋不应小于250mm；
4. d为纵向受力钢筋直径（mm）。

板中受力钢筋的直径不宜小于5mm。当板厚$h \leqslant 150mm$时，不宜大于200mm；当板厚$h > 150mm$时，不宜大于$1.5h$，且不宜大于250mm

板的钢筋焊接网应按板的梁系区格布置，尽量减少搭接。单向板底网的受力主筋不宜设置搭接。双向板长跨方向底网搭接宜布置于梁边1/3净跨区段内。满铺面网的搭接宜设置在梁边1/4净跨区段以外且面网与底网的搭接宜错开，不宜在同一断面搭接

图2-136 钢筋焊接现浇板

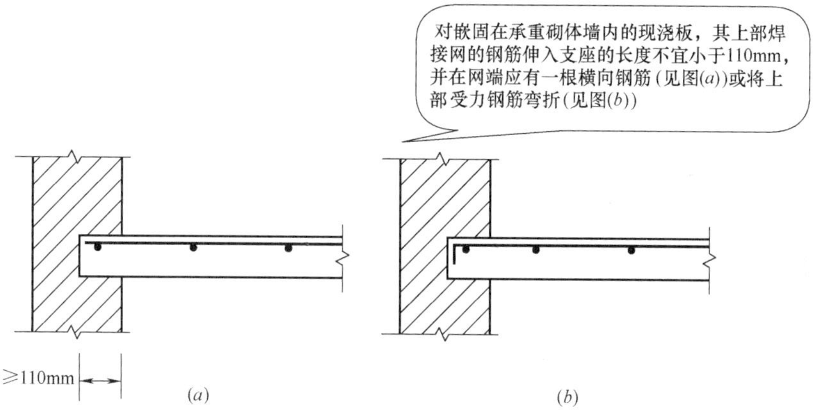

对嵌固在承重砌体墙内的现浇板，其上部焊接网的钢筋伸入支座的长度不宜小于110mm，并在网端应有一根横向钢筋(见图(a))或将上部受力钢筋弯折(见图(b))

图2-137 板上部受力钢筋焊接网的锚固
(a) 上部直锚；(b) 上部钢筋弯构

当梁突出于板的上表面(反梁)时，梁两侧的带肋钢筋焊接网的面网和底网均应分别布置

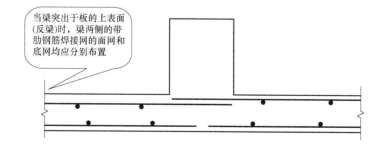

图2-138 钢筋焊接网在反梁中的布置

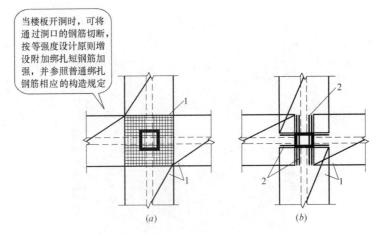

图 2-139　楼板焊接网与柱的连接
(a) 焊接网套柱连接；(b) 附加筋连接
1—焊接网的面网；2—附加锚固筋

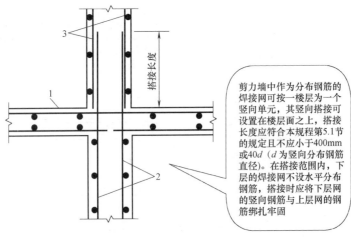

图 2-140　墙体钢筋焊接网的竖向搭接
1—楼板；2—下层焊接网；3—上层焊接网

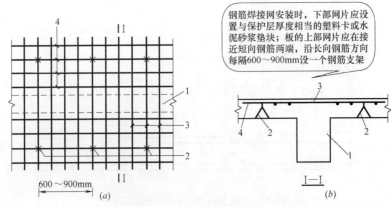

图 2-141　上部钢筋焊接网的支墩
1—梁；2—支墩；3—短向钢筋；4—长向钢筋

(3) 钢筋机械连接通用技术规程

1) 接头的应用。见图 2-142。

2) 施工现场接头的加工与安装。见图 2-143。

> 钢筋连接件的混凝土保护层厚度宜符合现行国家标准《混凝土结构设计规范》GB 50010—2010中受力钢筋的混凝土保护层最小厚度的规定

> 混凝土结构中要求充分发挥钢筋强度或对延性要求高的部位,应优先选用Ⅱ级接头;当在同一连接区段内必须实施100%钢筋接头的连接时,应采用Ⅰ级接头

> 锥螺纹接头钢筋端部不得有影响螺纹加工的局部弯曲。钢筋丝头长度应满足设计要求,使拧紧后的钢筋丝头不得相互接触,丝头加工长度公差为 $-0.5p\sim1.5p$;钢筋丝头的锥度和螺距应使用专用锥螺纹量规检验;抽检数量10%,检验合格率不应小于95%

> 直螺纹接头钢筋端部应切平或镦平后再加工螺纹,墩粗头不得有与钢筋轴线相垂直的横向裂纹,钢筋丝头长度应满足企业标准中产品设计要求,公差应为 $0\sim2.0p$(p为螺距),钢筋丝头宜满足6f级精度要求,应用专用直螺纹量规检验,通规能顺利旋入并达到要求的拧入长度,止规旋入不得超过3p。抽检数量10%,检验合格率不应小于95%

图 2-142 钢筋机械连接

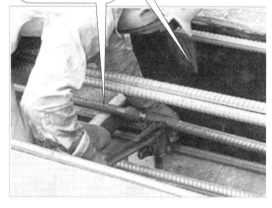

图 2-143 机械连接接头

3) 施工现场接头的检验与验收。见图 2-144。

> 接头的现场检验应按验收批进行,在同一施工条件下采用同一批材料的同等级、同形式、同规格接头,以500个为一个验收批进行检验与验收,不足500个也应作为一个验收批

> 现场截取抽样试件后,原接头位置的钢筋可采用同等规格的钢筋进行搭接连接,或采用焊接及机械连接方法补接。对抽检不合格的接头验收批,应由建设方会同设计等有关方面研究后提出处理方案

> 锥螺纹接头钢筋端部不得有影响螺纹加工的局部弯曲。钢筋丝头长度应满足设计要求,拧紧后的钢筋丝头不得相互接触,丝头加工长度公差应为 $-0.5p\sim1.5p$;钢筋丝头的锥度和螺距应使用专用锥螺纹量规检验;抽检数量10%,检验合格率不应小于95%

图 2-144 施工现场钢筋接头

(4) 带肋钢筋套管挤压连接技术规程

1) 带肋钢筋套管挤压材料要求。见图 2-145。

2) 带肋钢筋套管挤压质量要求。见图 2-146、图 2-147。

图 2-145 挤压接头示意图

图 2-146 带肋钢筋套管挤压局部大样图

图 2-147 现场挤压操作

3) 带肋钢筋套管挤压质量标准。见图 2-148、图 2-149。

4) 带肋钢筋套管挤压成品保护。见图 2-150。

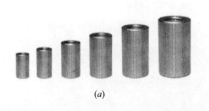

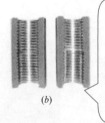

图 2-148 钢筋连接局部
(a) 钢筋连接套筒；(b) 连接套筒剖面图

(5) 钢筋锥螺纹接头技术规程

1) 钢筋锥螺纹加工。见图 2-151。

2) 锥螺纹钢筋连接。见图 2-152。

2 与钢筋施工有关的规范

图 2-149 现场柱挤压套筒

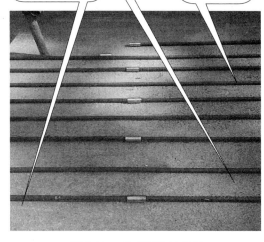

图 2-150 冷挤压连接套筒

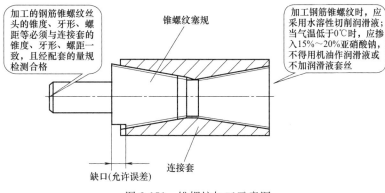

图 2-151 锥螺纹加工示意图

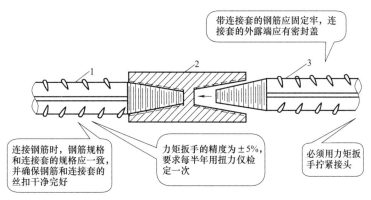

图 2-152 锥螺纹钢筋连接示意图
1—钢筋；2—套筒；3—钢筋

3）锥螺纹钢筋接头施工现场检验与验收。见图 2-153。
(6) 冷轧带肋钢筋混凝土结构技术规程
1）冷轧带肋钢筋混凝土结构构造一般规定。见图 2-154、表 2-14～表 2-17。

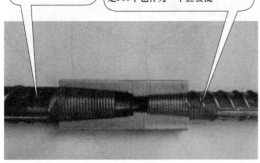

图 2-153　锥螺纹钢筋接头示意图　　　　图 2-154　冷轧带肋钢筋混凝土

绑扎网和绑扎骨架的允许偏差　　　　表 2-14

项　目		允许偏差(mm)
网的长、宽		±10
网眼尺寸		±20
骨架的宽及高		±5
骨架的长		±10
箍筋间距		±20
受力钢筋	间距	±10
	排距	±5

混凝土保护层最小厚度（mm）　　　　表 2-15

环境类别	板、墙、壳		梁	
	C20～C25	≥C30	C20～C25	≥C30
一	20	15	25	20
二 a	25	20	30	25
二 b	30	25	40	35

注：1. 表中环境类别的划分应按现行国家标准《混凝土结构设计规范》GB 50010—2010 的有关规定确定；
　　2. 用于砌体结构房屋构造柱时，可按表中板、墙、壳的规定取用。

钢筋混凝土纵向受拉钢筋最小锚固长度　　　　表 2-16

钢筋级别	混凝土强度等级			
	C20	C25	C30、C35	≥C40
CRB550 CRB600H	45d	40d	35d	30d

注：1. 表中 d 为冷轧带肋钢筋的公称直径；
　　2. 两根等直径并筋的锚固长度应按表中数值乘以系数 1.4 后取用。

纵向受拉钢筋搭接接头的最小搭接长度 表 2-17

混凝土强度等级	C20	C25	C30	C35	≥C40
最小搭接长度	55d	50d	45d	40d	35d

2）冷轧带肋钢筋混凝土结构箍筋及网片一般构造。见图 2-155。

3）冷轧带肋钢筋混凝土结构板的一般构造。见图 2-156～图 2-158。

在抗震设防烈度为7度及以下地区，CRB600H、CRB550钢筋可用作钢筋混凝土房屋中抗震等级为二、三、四级框架梁、柱的箍筋。箍筋构造措施应符合现行国家标准《混凝土结构设计规范》GB 50010—2010的有关规定

CRB550和CRB600H钢筋可用作砌体房屋中构造柱、芯柱、圈梁的箍筋，也可用作砌体结构及混凝土结构中砌体填充墙的拉结筋或拉结网片

板中受力钢筋的间距，当板厚不大于150mm时不宜大于200mm；当板厚大于150mm时不宜大于板厚的1.5倍，且不宜大于250mm

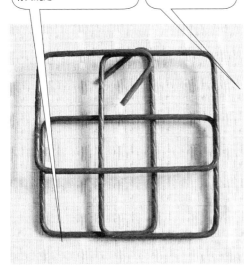

图 2-155 冷轧带肋箍筋

图 2-156 冷轧带肋钢筋现浇板

冷轧带肋钢筋配筋的空心板，每个肋中的纵向受力钢筋不宜少于1根

配置预应力冷轧带肋钢筋的预制混凝土板在混凝土圈梁上的支承长度不应小于80mm，在砌墙上的支承长度不应小于100mm。当板搭在圈梁上时，板端伸出的钢筋应与圈梁可靠连接，板端间隙应与圈梁同时浇筑；当板支撑在砌体内墙上时，板端钢筋伸出长度不应小于70mm，并与支座板缝中沿墙纵向配置的钢筋绑扎，用强度等级不低于C25的混凝土浇筑成板带；当板支撑在砌体外墙上时，板端钢筋伸出长度不应小于100mm，并与支座处沿墙纵向配置的钢筋绑扎，用强度等级不低于C25的混凝土浇筑成板带

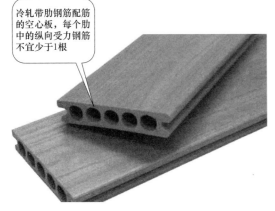

图 2-157 空心板

图 2-158 预制混凝土板

4）冷轧带肋钢筋混凝土墙的一般构造。见图 2-159。

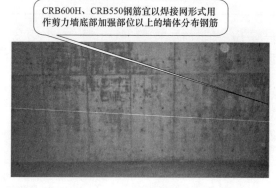

图 2-159 钢筋混凝土墙

（7）钢筋焊接接头试验方法标准

1）拉伸试验方法。见表 2-18。

拉伸试样的尺寸 表 2-18

焊接方法		拉头形式	试样尺寸(mm)	
			l_s	$L \geqslant$
电阻点焊			—	300 $l_s + 2l_j$
闪光对焊			$8d$	$l_s + 2l_j$
电弧焊	双面帮条焊		$8d + l_h$	$l_s + 2l_j$
	单面帮条焊		$5d + l_h$	$l_s + 2l_j$
	双面搭接焊		$8d + l_h$	$l_s + 2l_j$

续表

焊接方法		拉头形式	试样尺寸(mm)	
			l_s	$L \geq$
电弧焊	单面搭接焊	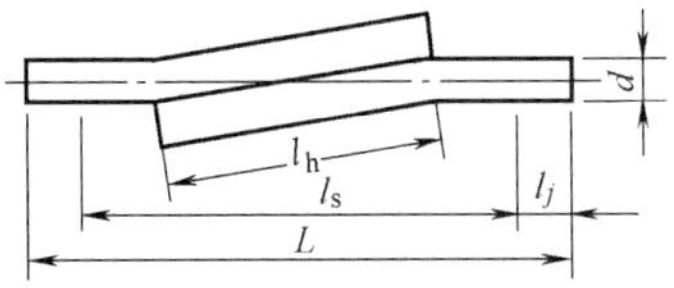	$5d+l_h$	l_s+2l_j
	熔槽帮条焊	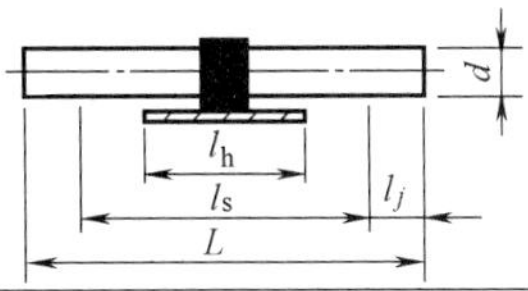	$8d+l_h$	l_s+2l_j
	坡口焊	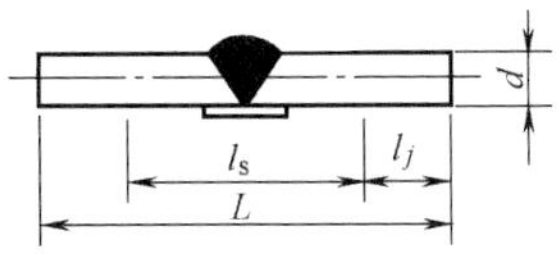	$8d$	l_s+2l_j
	窄间隙焊	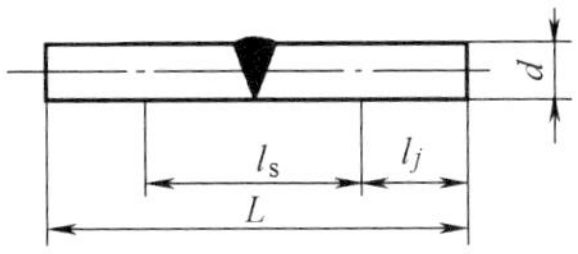	$8d$	l_s+2l_j
电渣压力焊		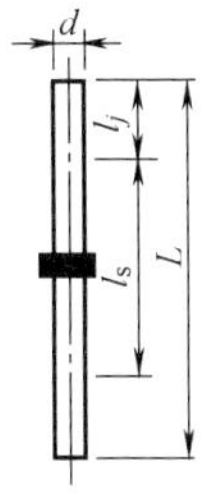	$8d$	l_s+2l_j
气压焊		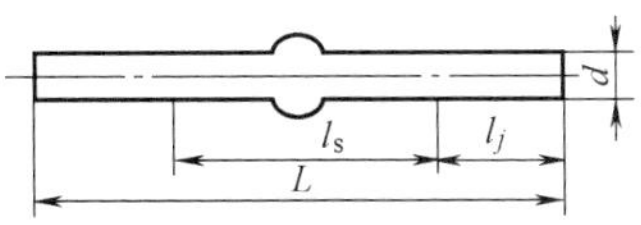	$8d$	l_s+2l_j
预埋件电弧焊		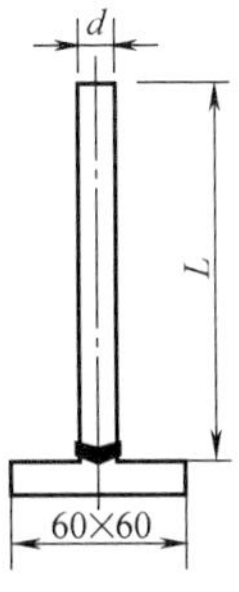	—	200
预埋件埋弧压力焊				

注：l_s——受试长度；
　　l_h——焊缝（或镦粗）长度；
　　l_j——夹持长度（100~200mm）；
　　L——试样长度；
　　d——钢筋直径。

2）剪切试验方法。见图 2-160。

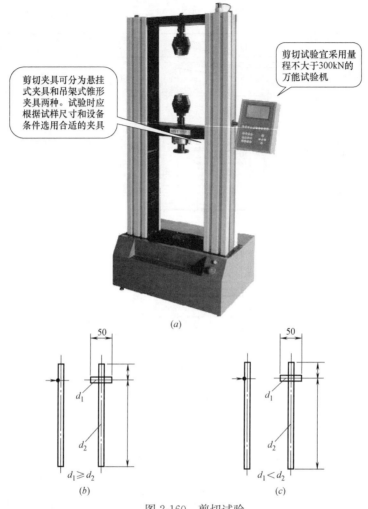

图 2-160　剪切试验
（a）试验仪器；（b）骨架试样；（c）网试样

3）弯曲试验方法。见图 2-161。

图 2-161　弯曲试验

4）冲击试验方法。见图 2-162。

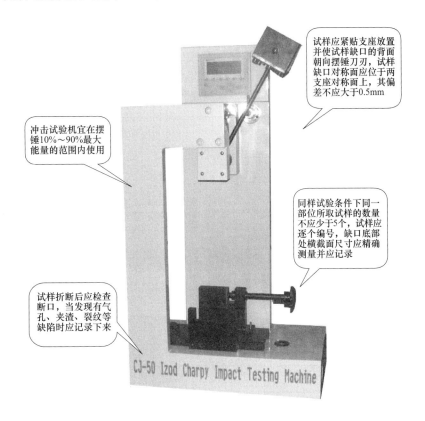

图 2-162 冲击试验

5）疲劳试验方法。见图 2-163。

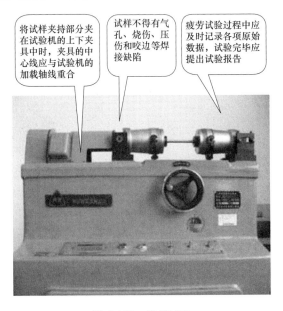

图 2-163 疲劳试验

(8) 预应力筋用锚具、夹具和连接器应用技术规程

1) 锚具、夹具和连接器的选用。见表 2-19、图 2-164、图 2-165。

预应力筋用锚具、夹具和连接器按锚固方式不同，可分为夹片式（单孔和多孔夹片锚具）、支承式（镦头锚具、螺母锚具等）、锥塞式（钢质锥形锚具等）和握裹式（挤压锚具、压花锚具等）4 种。

锚具的选用　　　　　　　　　　　　　表 2-19

预应力筋品种	选用锚具形式		
	张拉端	固定端	
		安装在结构之外	安装在结构之内
钢绞线及钢绞线束	夹片锚具	夹片锚具 挤压锚具	压花锚具 挤压锚具
高强钢丝泵	夹片锚具 镦头锚具 锥塞锚具	夹片锚具 镦头锚具 挤压锚具	挤压锚具 镦头锚具
精轧螺纹钢筋	螺母锚具	螺母锚具	—

预应力混凝土结构工程用锚具在锚固部位的布置，应根据锚具型号、预应力筋数量、混凝土强度等级等条件，进行局部承压验算。锚具间距应满足最小间距的要求。当锚具下的锚垫板要求采用喇叭管时，宜选用钢制或铸铁的产品，锚垫板下应设置足够的螺旋钢筋或网状分布钢筋

图 2-164　预应力混凝土结构

锚垫板与预应力筋（或孔道）在锚固区及其附近应相互垂直。锚垫板上宜设灌浆孔，此孔还可用于排气或安设水泥浆泌水补偿器。选用锚具时，应根据张拉设备的要求，使现场有足够的操作空间

图 2-165　锚垫板

2) 预应力筋用锚具、夹具和连接器的进场验收。见图 2-166～图 2-169。
3) 预应力筋用锚具、夹具和连接器的使用方法。见图 2-170～图 2-172。

2 与钢筋施工有关的规范

外观检查——从每批中抽10%的锚具且不应少于10套，检查其外观质量和外形尺寸；并按产品技术条件确定是否合格

锚具进场验收时，需方应按合同核对产品质量证明书中所列的型号、数量及适用于何种强度等级的预应力钢材，确认无误后应按下列三项规定进行检验。检验合格后方可在工程中应用

夹具进场验收时，应进行外观检查、硬度检验和静载锚固性能试验。检验和试验方法与锚具相同

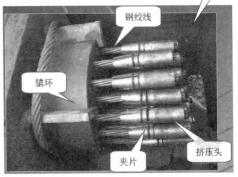

图 2-167 夹具

后张法连接器的进场验收规定与锚具相同
先张法连接器的进场验收规定与夹具相同

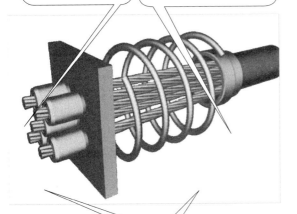

硬度检验——对硬度有严格要求的锚具零件，应进行硬度检验。应从每批中抽取5%的样品且不应少于5套，按产品设计规定的表面位置和硬度范围（该表面位置和硬度范围是品质保证条件，由供货方在供货合同中注明）做硬度检验

静载锚固性能试验——在通过外观检查和硬度检验的锚具中抽取6套样品，与符合试验要求的预应力筋组装成3个预应力筋—锚具组装件，并应由国家或省级质量技术监督部门授权的专业质量检测机构进行静载锚固性能试验

图 2-166 锚具

图 2-168 后张法连接

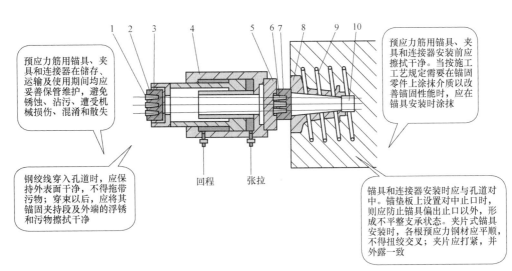

图 2-169 锚具示意图
1—工具夹片；2—工具锚环；3—过渡套；4—千斤顶；5—限位板；
6—工作夹片；7—工作锚环；8—锚垫板；9—螺旋筋；10—波纹管

使用钢丝束镦头锚具前，应确认该批预应力钢丝的可镦性，即其物理力学性能应能满足镦头锚的全部要求。钢丝镦头尺寸不应小于规定值，头形应圆整端正。钢丝墩头的圆弧形周边出现纵向微小裂纹时，其裂纹长度不得延伸至钢丝母材，不得出现斜裂纹或水平裂纹

预应力筋张拉锚固后，应对张拉记录和锚固状况进行复查，确认合格后，方可切割露于锚具之外的预应力筋多余部分。切割工作应使用砂轮锯；当使用砂轮锯有困难时也可使用氧乙炔焰，严禁使用电弧。当用氧乙炔焰切割时，火焰不得接触锚具；切割过程中还应用水冷却锚具。切割后预应力筋的外露长度不应小于30mm

预应力锚固以后，因故必须放松时，对于支承式锚具可用张拉设备松开锚具，将预应力缓慢地卸除；对于夹片式、锥塞式等锚具，宜采用专门的放松装置将锚具松开。任何时候都不得在预应力筋存在拉力的状态下直接将锚具切去

图 2-170 钢丝束镦头锚具 　　　　图 2-171 预应力筋锚固

锚固区预应力筋端头的混凝土保护层厚度不应小于20mm；在易受腐蚀的环境中，保护层还宜适当加厚。对凸出式锚固端，锚具表面距混凝土边缘不应小于50mm。封头混凝土内应配置1~2片钢筋网，并应与预留锚固筋绑扎牢固

后张法预应力混凝土构件或结构在张拉预应力筋后，宜及时向预应力筋孔道中压注水泥浆。先张法生产预应力混凝土构件时，张拉预应力筋后，宜及时浇筑构件混凝土

在无粘结预应力筋的端部塑料护套断口处，应用塑料胶带严密包缠，防止水分进入护套。在张拉后的锚具夹片和无粘结筋端部，应涂满防腐油脂，并罩上塑料(PE)封端罩，并应达到完全密封的效果。也可采用涂刷环氧树脂达到完全密封的效果

图 2-172 后张法预应力筋锚固

3 与模板有关的规范

3.1 建筑施工模板安全技术规范

3.1.1 荷载及变形值的规定

(1) 组合钢模板及其构配件（见图 3-1）的最大变形值不得超过表 3-1 的规定。

组合钢模板及其构配件的容许变形值　　表 3-1

部件名称	容许变形值(mm)
钢模板的面板	≤1.5
单块钢模板	≤1.5
钢楞	$L/500$ 或 ≤3.0
柱箍	$B/500$ 或 ≤3.0
桁架、钢模板结构体系	$L/1000$
支撑系统累计	≤4.0

注：L 为计算跨度，B 为柱宽度。

(2) 爬模应采用大模板。爬模及其部件（见图 3-2）的最大变形值不得超过下列容许值：

1) 爬架立柱的安装变形值不得大于爬架立柱高度的 $1/1000$。

2) 爬模结构的主梁，根据重要程度的不同，其最大变形值不得超过计算跨度的 $1/500 \sim 1/800$。

图 3-1　组合钢模板体系

图 3-2　爬模体系施工图

3）支点间轨道变形值不得大于2mm。

3.1.2 设计

模板结构构件长细比应符合下列规范：

（1）受压构件长细比：支架立柱及桁架不应大于150（见图3-3）；拉条、缀条、斜撑等连系构件不应大于200。

（2）受拉构件长细比：钢杆件不应大于350；木杆件不应大于250。见图3-4。

图3-3 顶板支撑体系施工图1

图3-4 顶板支撑体系施工图2

注：一方面为避免自重引起的过分垂曲（例如桁架的上弦杆或斜杆），另一方面为消除振动影响，这里特对受压、受拉杆件的最大长细比作了限制要求。

3.1.3 模板构造与安装

（1）支撑梁、板的支架立柱安装构造应符合下列规定：

1）梁和板的立柱，纵横向间距应相等或成倍数。

2）木立柱底部应设垫木，顶部应设支撑头。钢管立柱底部应设垫木和底座，顶部应设可调支托，U形支托与楞梁两侧间如有间隙，必须楔紧，其螺杆伸出钢管顶部不得大于200mm，螺杆外径与立柱钢管内径的间隙不得大于3mm，安装时应保证上下同心。见图3-5。

3）在立柱底距地面200mm高处，沿纵横水平方向应按纵下横上的程序设扫地杆。可调支托底部的立柱顶端应沿纵横向设置一道水平拉杆，如图3-6所示。扫地杆与顶部水平拉杆之间的间距，在满足模板设计所确定的水平拉杆步距要求的条件下，进行平均分配确定步距后，在每一步距处纵横向应各设一道水平拉杆。当层高为8～20m时，在最顶步距两水平拉杆中间应加设一道水平拉杆；当层高大于20m时，在最顶两步距水平拉杆中间应分别增加一道水平拉杆，如图3-7所示。所有水平拉杆的端部均应与四周建筑物顶紧顶牢。无处可顶时，应于水平拉杆端部和中部沿竖向设置连续式剪刀撑，如图3-8所示。

图 3-5 顶板支撑立杆布置图 1

图 3-6 顶板支撑立杆布置图 2

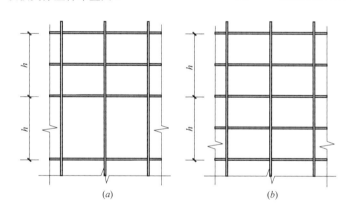

图 3-7 顶板支撑立杆布置图 3（h 为步距）
（a）最顶层一步架加密；（b）最顶层两步架加密

4）木立柱的扫地杆、水平拉杆、剪刀撑应采用 40mm×50mm 的木条或 25mm×80mm 的木板条与木立柱钉牢。钢管立柱的扫地杆、水平拉杆、剪刀撑应采用 ϕ48mm×3.5mm 的钢管用扣件与钢管立柱扣牢。木立柱的扫地杆、水平拉杆、剪刀撑应采用搭接，并应用铁钉钉牢。钢管立柱的扫地杆、水平拉杆应采用对接，剪刀撑应采用搭接，搭接长度不得小于 500mm，用两个旋转扣件分别在离杆端不小于 100mm 处进行固定。如图 3-9、图 3-10 所示。

图 3-8 顶板支撑剪刀撑布置图

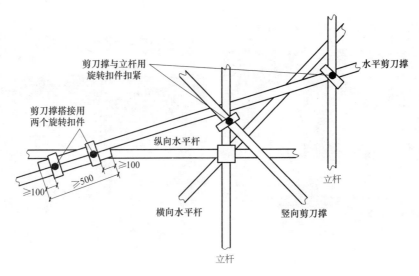

图 3-9 剪刀撑钢管安装要求

图 3-10 剪刀撑钢管安装

（2）当采用扣件式钢管作立柱支撑时，其安装构造应符合下列规定：

1) 钢管规格、间距、扣件应符合设计要求。每根立柱底部应设置底座及垫板，垫板厚度不得小于50mm。如图 3-5 所示。

2) 钢管支架立柱间距、扫地杆、水平拉杆、剪刀撑的设置应符合前述规定。当立柱底部不在同一高度时，高处的纵向扫地杆应向低处延长不少于两跨，高低差不得大于1m，立柱距边坡上方边缘不得小于0.5m。如图 3-11 所示。

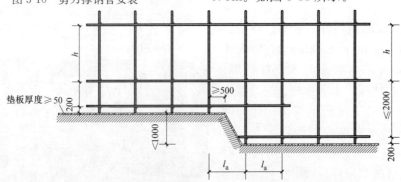

图 3-11 高低跨钢管立杆布置图（h 为步距、l_a 为立杆间距）

3) 立柱接长严禁搭接，必须采用对接扣件连接，相邻两立柱的对接接头不得在同步内，且对接接头沿竖向错开的距离不宜小于500mm，各接头中心距主节点不宜大于步距的1/3。如图 3-12 所示。

4）严禁将上段钢管立柱与下段钢管立柱错开固定于水平拉杆上。如图 3-13 所示。

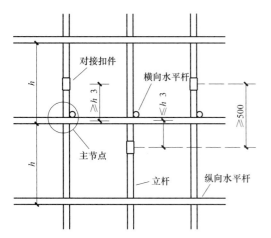

图 3-12　立杆对接扣件设置要求示意图（h 为步距）

图 3-13　立杆钢管接高设置错误

5）满堂模板和共享空间模板的支架立柱，在外侧周圈应设由下至上的竖向连续式剪刀撑；在中间纵横向应每隔 10m 左右设由下至上的竖向连续式剪刀撑，其宽度宜为 4～6m，

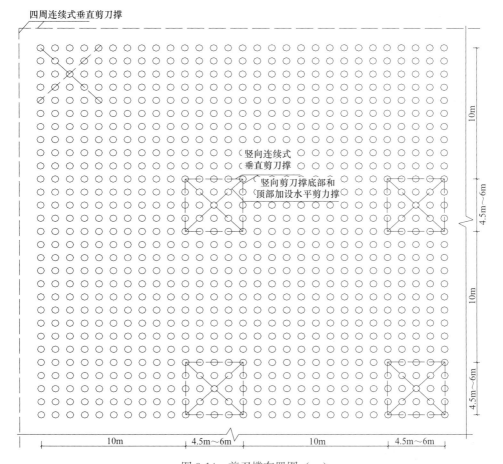

图 3-14　剪刀撑布置图（一）

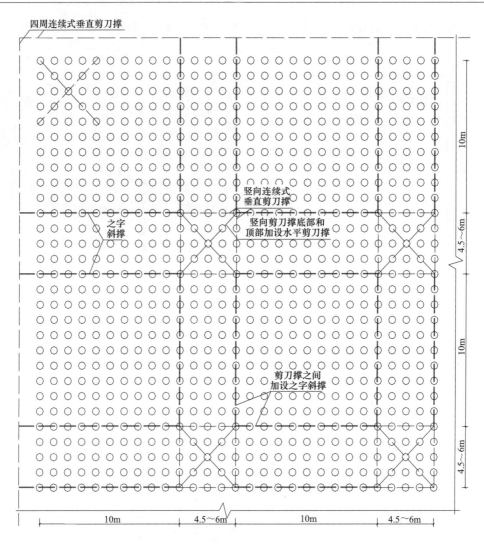

图 3-15 剪刀撑布置图（二）

图 3-16 剪刀撑搭设布置图

并在剪刀撑的顶部、扫地杆处设置水平剪刀撑（见图 3-14）。剪刀撑杆件的底端应与地面顶紧，夹角宜为 45°～60°。当建筑层高为 8～20m 时，除应满足上述规定外，还应在纵横向相邻的两竖向连续式剪刀撑之间增加之字斜撑，在有水平剪刀撑的部位，应在每个剪刀撑中间处增加一道水平剪刀撑（见图 3-15、图 3-16）。当建筑层高超过 20m 时，在满足以上规定的基础上，应将所有之字斜撑全部改为连续式剪刀撑（见图 3-17）。

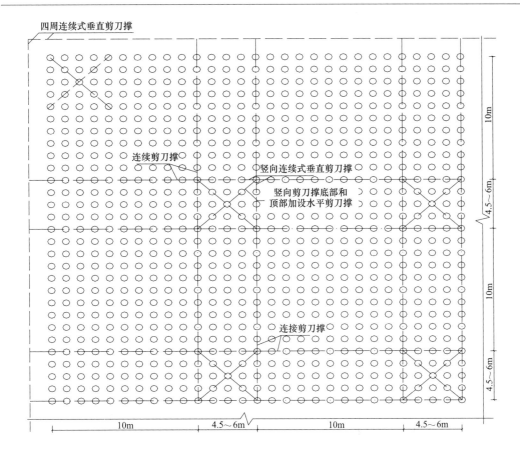

图 3-17 剪刀撑布置图（三）

注：扣件式立柱采用对接接长，能达到传力明确，没有偏心，可大大提高承载能力。试验表明，一个对接扣件的承载能力比搭接扣件的承载能力大 2.14 倍。而且搭接会产生较大的偏心荷载，造成事故。

6）当支架立柱高度超过 5m 时，应在立柱周圈外侧和中间有结构柱的部位，按水平间距 6～9m、竖向间距 2～3m 与建筑结构设置一个固结点。如图 3-18 所示。

图 3-18 支撑立杆结构拉结固定

3.2 建筑施工门式钢管脚手架安全技术规范

3.2.1 构造要求

（1）不同型号的门架与配件严禁混合使用。见图 3-19。

（2）门式脚手架剪刀撑的设置（见图 3-20）必须符合下列规定：

1）当门式脚手架搭设高度在 24m 及以下时，在脚手架外侧的转角处、两端及中间间隔不超过 15m 的立面必须各设置一道剪刀撑，并应由底至顶连续设置；

2）当脚手架搭设高度超过 24m 时，在脚手架外侧全立面上必须设置连续剪刀撑；

3）对于悬挑脚手架，在脚手架外侧全立面上必须设置连续剪刀撑。

图 3-19 门式脚手架施工布置图

图 3-20 门式脚手架外侧连续剪刀撑设置

（3）在门式脚手架的转角处或开口型脚手架端部，必须增设连墙件，连墙件的垂直间距不应大于建筑物的层高，且不应大于 4.0m。如图 3-21 所示

（4）门式脚手架与模板支架的搭设场地必须平整坚实（见图 3-22），并应符合下列规定：

1）回填土应分层回填，逐层夯实；

2）场地排水应顺畅，不应有积水。

在建筑物的转角处，门式脚手架内、外立杆上应按步设置水平连接杆、斜撑杆，将转角处的两榀门架连成整体

图 3-21 门式脚手架连墙件设置

门式脚手架杆件底板应设置垫木，垫木厚度不得小于50mm

门式脚手架杆件搭设场地宜使用细石混凝土进行硬化，并设置一定排水坡度

图 3-22 门式脚手架杆件搭设场地

3.2.2 搭设与拆除

（1）门式脚手架连墙件的安装必须符合下列规定：

1）连墙件的安装必须随脚手架搭设同步进行,严禁滞后安装(见图3-23);

2）当脚手架操作层高出相邻连墙件两步时,在连墙件安装完毕前必须采用确保脚手架稳定的临时拉结措施。

(2) 拆除作业(见图3-24)必须符合下列规定:

1）架体的拆除应从上至下逐层进行,严禁上下同时作业。

2）同一层的构配件和加固杆件必须按先上后下、先外后内的顺序进行拆除。

3）连墙件必须随脚手架逐层拆除,严禁先将连墙件整层或数层拆除后再拆架体。拆除作业过程中,当架体的自由高度大于两步时,必须加设临时拉结。

4）连接门架的剪刀撑等加固杆件必须在拆卸该门架时拆除。

(3) 门架与配件应采用机械或人工运至地面,严禁抛投。

图3-23 门式脚手架连墙件设置

图3-24 门式脚手架拆除

3.2.3 安全管理

(1) 门式脚手架与模板支架作业层上严禁超载。

(2) 严禁将模板支架、缆风绳、混凝土泵管、卸料平台等固定在门式脚手架上。

(3) 在门式脚手架使用期间,脚手架基础附近严禁进行挖掘作业。

图3-25 施工期间禁止拆除交叉支撑和加固杆

图3-26 脚手架拆除派专人看守

（4）满堂脚手架与模板支架的交叉支撑和加固杆，在施工期间禁止拆除（见图 3-25）。

（5）在门式脚手架或模板支架上进行电、气焊作业时，必须有防火措施和专人看护。

（6）搭、拆门式脚手架或模板支架时，必须设置警戒线、警戒标志，并应派专人看守（见图 3-26），严禁非作业人员入内。

3.3 建筑施工扣件式钢管脚手架安全技术规范

3.3.1 构配件

可调托撑（见图 3-27）抗压承载力设计值不应小于 40kN，支托板厚度不应小于 5mm。

3.3.2 构造要求

（1）主节点处必须设置一根横向水平杆（见图 3-28），用直角扣件扣接且严禁拆除。

图 3-27　可调托撑样品　　　　图 3-28　主节点处设置横向水平杆

（2）脚手架立杆基础不在同一高度上时，必须将高处的纵向扫地杆向低处延长两跨与立杆固定，高低差不应大于 1m。靠坡上方的立杆轴线到边坡的距离不应小于 500mm。如图 3-29 所示。

（3）单排、双排与满堂脚手架立杆接长除顶层顶步外，其余各层各步接头必须采用对接扣件连接。如图 3-30 所示。

（4）开口型脚手架的两端必须设置连墙件，连墙件的垂直间距不应大于建筑物的层高，并且不应大于 4m。如图 3-31 所示。

（5）高度在 24m 及以上的双排脚手架应在外侧全立面连续设置剪刀撑（见图 3-32）；高度在 24m 以下的单、双排脚手架，均必须在外侧两端、转角及中间间隔不超过 15m 的立面上，各设置一道剪刀撑，并应由底至顶连续设置（见图 3-33）。

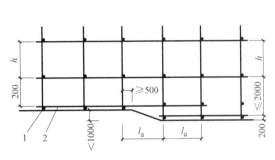

图 3-29 纵、横向扫地杆构造
1—横向扫地杆；2—纵向扫地杆

图 3-30 对接扣件安装

图 3-31 脚手架连墙件设置

图 3-32 高度 24m 及以上剪刀撑布置

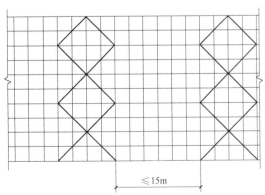

图 3-33 高度 24m 以下剪刀撑布置

(6) 开口型双排脚手架的两端均必须设置横向斜撑。如图 3-34 所示。

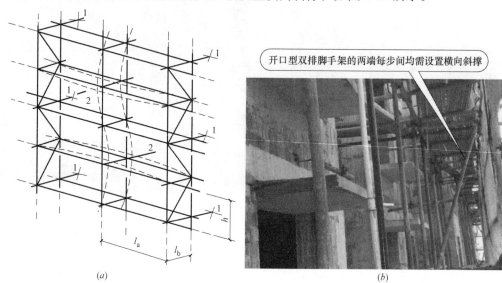

图 3-34 开口型双排脚手架两端斜撑设置
1—小横杆；2—立杆；
（a）示意图；（b）实物图

3.3.3 施工

（1）单、双排脚手架拆除作业必须由上至下逐层进行，严禁上下同时作业；连墙件必须随脚手架逐层拆除，严禁先将连墙件整层或数层拆除后再拆脚手架；分段拆除高差大于两步时，应增设连墙件加固。如图 3-35 所示。

（2）卸料时各构配件严禁抛掷至地面。如图 3-36 所示。

图 3-35 连墙件拆除

图 3-36 脚手架拆除

3.3.4 检查与验收

扣件进入施工现场应检查产品合格证，并应进行抽样复试（检验报告如图 3-37 所示），技术性能应符合现行国家标准《钢管脚手架扣件》GB 15831—2006 的规定（见图 3-38）。扣件在使用前应逐个挑选，有裂缝、变形、螺栓出现滑丝的严禁使用。

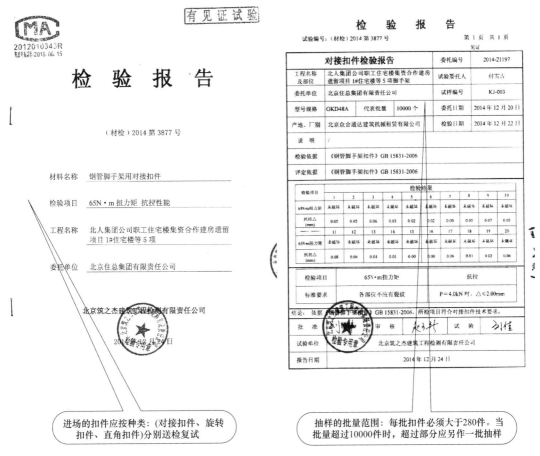

图 3-37　扣件检验报告

3.3.5　安全管理

（1）扣件式钢管脚手架安装与拆除人员必须是经考核合格的专业架子工。架子工应持证上岗（见图 3-39）。

（2）钢管上严禁打孔。

（3）作业层上的施工荷载应符合设计要求，不得超载。不得将模板支架、缆风绳、泵送混凝土和砂浆的输送管等固定在架体上；严禁悬挂起重设备，严禁拆除或移动架体上安全防护设施。

（4）满堂支撑架顶部的实际荷载不得超过设计规定。

（5）在脚手架施工期间，严禁拆除下列杆件：

1）主节点处的纵、横向水平杆，纵、横向扫地杆；

2）连墙件。

（6）当在脚手架使用过程中开挖脚手架基础下的设备基础或管沟时，必须对脚手架采取加固措施（见图 3-40）。

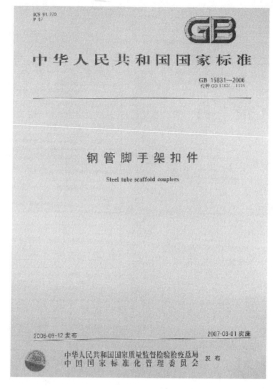

图 3-38　扣件复试规范

图 3-39　架子工特种作业操作证

图 3-40　脚手架下开挖必须进行加固

3.4　建筑施工碗扣式钢管脚手架安全技术规范

3.4.1　构配件材料、制作及检验

（1）采用钢板热冲压整体成型的下碗扣，钢板应符合现行国家标准《碳素结构钢》

GB/T 700—2006 中 Q235A 级钢的要求，板材厚度不得小于 6mm，并应经 600~650℃ 的时效处理。严禁利用废旧锈蚀钢板改制。

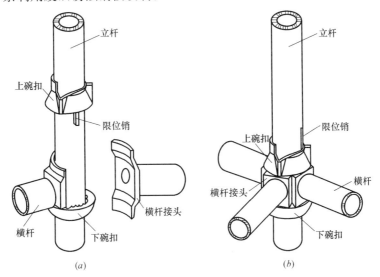

图 3-41　碗扣架施工示意图
(a) 连接前；(b) 连接后

(2) 可调底座底板的钢板厚度不得小于 6mm，可调托撑的钢板厚度不得小于 5mm。碗扣架底座、托撑实物如图 3-42 所示。

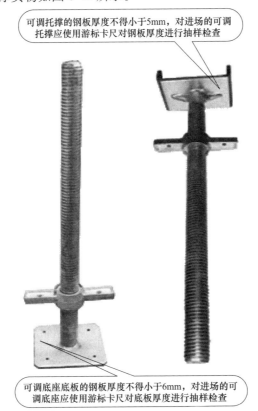

图 3-42　碗扣架底座、托撑实物

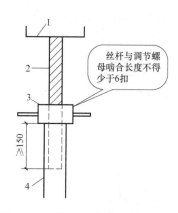

图3-43 可调托撑安装示意图
1—可调托座；2—丝杆；3—调节螺母；4—立杆

（3）可调底座及可调托撑丝杆与调节螺母啮合长度不得少于6扣，插入立杆内的长度不得小于150mm。如图3-43所示。

3.4.2 结构设计计算

受压杆件长细比不得大于230，受拉杆件长细比不得大于350。

3.4.3 构造要求

（1）双排脚手架首层立杆应采用不同的长度交错布置，底层纵、横向横杆作为扫地杆距地面高度应小于或等于350mm，严禁施工中拆除扫地杆，立杆应配置可调底座或无固定底座。如图3-44所示。

（2）双排脚手架专用外斜杆设置应符合下列规定：
1）斜杆应设置在有纵、横杆的碗扣节点上（见图3-45）；

图3-44 碗扣式脚手架搭设

图3-45 碗扣式脚手架斜杆布置

2）在封圈的脚手架拐角处及一字形脚手架的端部应设置竖向通高斜杆（见图3-46）；
3）当脚手架高度小于或等于24m时，每隔5跨应设置一组竖向通高斜杆；当脚手架

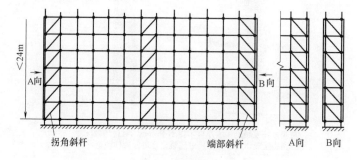

图3-46 碗扣式脚手架专用外斜杆设置示意图

高度大于 24m 时，每隔 3 跨应设置一组竖向通高斜杆；斜杆应对称设置；

4）当斜杆临时拆除时，拆除前应在相邻立杆间设置相同数量的斜杆。

（3）当采用钢管扣件作斜杆时应符合下列规定：

1）斜杆应每步与立杆扣接，扣接点距碗扣节点的距离不应大于 150mm；当不能与立杆扣接时，应与横杆扣接，扣件扭紧力矩为 40～65N·m；

2）纵向斜杆应在全高方向设置成八字形且内外对称，斜杆间距不应大于 2 跨。如图 2-47 所示。

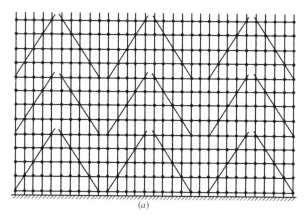 

图 3-47 碗扣式脚手架八字形斜撑布置图
（a）示意图；（b）实物图

（4）连墙件的设置应符合下列规定：

1）连墙件应呈水平设置，当不能呈水平设置时，与脚手架连接的一端应下斜连接；

2）每层的连墙件应在同一平面，其他位置应通过建筑结构和风荷载计算确定，且水平间距不应大于 4.5m；

3）连墙件应设置在有横杆的碗扣节点处，当采用钢管扣件作连墙件时，连墙件应与立杆连接，连接点距碗扣节点距离不应大于 150mm；

4）连墙件应采用可承受拉、压荷载的刚性结构，连接应牢固可靠。

（5）当脚手架高度大于 24m 时，顶部 24m 以下所有的连墙件层必须设置水平斜杆，水平斜杆应设置在纵向横杆之下。如图 3-48 所示。

（6）模板支撑架斜杆设置应符合下列要求：

1）当立杆间距大于 1.5m 时，应在拐角处设置通高专用斜杆，中间每排每列应设置通高八字形斜杆或剪刀撑。如图 3-49 所示。

2）当立杆间距小于 1.5m 时，模板支撑架四周从底到顶连续设置竖向剪刀撑；中间纵、横向由底至顶连续设置竖向剪刀撑，其间距应小于或等于 4.5m。如图 3-50 所示。

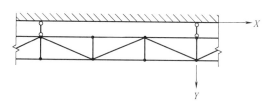

图 3-48 水平斜杆设置示意图

图 3-49 模板支撑架斜杆设置　　　　图 3-50 模板支撑架四周通高剪刀撑设置

3) 剪刀撑的斜杆与地面夹角应在 45°～60°之间，斜杆应每步与立杆扣接。如图 3-51 所示。

(7) 当模板支撑架高度大于 4.8m 时，顶端和底部必须设置水平剪刀撑，中间水平剪刀撑设置间距应小于或等于 4.8m。如图 3-52 所示。

图 3-51 支撑架剪刀撑搭设要求　　　　图 3-52 支撑架水平剪刀撑设置

3.4.4 施工

(1) 脚手架基础必须按专项施工方案进行施工，按基础承载力要求进行验收。
(2) 连墙件必须随双排脚手架升高及时在规定的位置处设置，严禁任意拆除。
(3) 连墙件必须在双排脚手架拆到该层时方可拆除，严禁提前拆除。

3.4.5 安全使用与管理

严禁脚手架基础及邻近处进行挖掘作业。

3.5 建筑施工高处作业安全技术规范

3.5.1 基本规定

(1) 雨天和雪天进行高处作业时，必须采取可靠的防滑、防寒和防冻措施。水、冰、霜、雪均应及时清除。

对进行高处作业的高耸建筑物，应事先设置避雷设施。遇有六级以上强风、浓雾等恶劣气候，不得进行露天攀登与悬空高处作业。暴风雪及台风暴雨后，应对高处作业安全设施逐一加以检查，发现有松动、变形、损坏或脱落等现象，应立即修理完善。

(2) 防护棚（见图 3-53）搭设与拆除时，应设警戒区，并应派专人监护。严禁上下同时拆除。

3.5.2 临边与洞口作业的安全防护

(1) 对临边高处作业，必须设置防护措施，并应符合下列规定：

1) 基坑周边，尚未安装栏杆或栏板的阳台、料台与挑平台周边，雨篷与挑檐边，无外脚手架的屋面与楼层周边及水箱与水塔周边等处，都必须设置防护栏杆。如图 3-54 所示。

图 3-53　工具式防护棚　　　　图 3-54　临边防护栏杆设置

2) 头层墙高度超过 3.2m 的二层楼面周边，以及无外脚手架的高度超过 3.2m 的楼层周边，必须在外围架设安全平网一道。如图 3-55、图 3-56 所示。

3) 分层施工的楼梯口和梯段边，必须安装临时防护栏杆（见图 3-57）。顶层楼梯口应随工程结构进度安装正式防护栏杆。

4) 井架与施工用电梯和脚手架等及建筑物通道的两侧边，必须设防护栏杆（见图 3-58）。地面通道上部应装设安全防护棚。双笼井架通道中间，应予分隔封闭。

5) 各种垂直运输接料平台，除两侧设防护栏杆外，平台口还应设置安全门或活动防护栏杆。如图 3-59 所示。

图 3-55 安全平网设置 1

图 3-56 安全平网设置 2

图 3-57 楼梯边临时防护栏杆

图 3-58 施工用电梯防护栏杆

（2）搭设临边防护栏杆时，必须符合下列要求：

1）防护栏杆应由上、下两道横杆及栏杆柱组成，上杆离地高度为1.0～1.2m，下杆离地高度为0.5～0.6m。坡度大于1：2.2的屋面，防护栏杆高度应为1.5m，并加挂安全立网。除经设计计算外，横杆长度大于2m时，必须加设栏杆柱。

2）栏杆柱的固定及其与横杆的连接，其整体构造应使防护栏杆在上杆任何处，都能经受任何方向1000N的外力。当栏杆所处位置有发生人群拥挤、车辆冲击或物件碰撞等可能时，应加大横杆截面或加密柱距。

图3-59 施工用电梯平台口安全门设置

3）防护栏杆必须自上而下用安全立网封闭，或在栏杆下边设置严密固定的高度不低于180mm的挡脚板或400mm的挡脚笆。挡脚板与挡脚笆上如有孔眼，不应大于25mm。板与笆下边距离地面的空隙不应大于10mm。接料平台两侧的栏杆，必须自上而下加挂安全立网或满扎竹笆。

4）当临边的外侧面临街道时，除防护栏杆外，敞口立面必须采取满挂安全网或其他可靠措施作全封闭处理。如图3-60所示。

图3-60 防护栏杆搭设要求

（3）进行洞口作业以及在因工程和工序需要而产生的，使人与物有坠落危险或危及人身安全的其他洞口进行高处作业时，必须按下列规定设置防护设施：

1）板与墙的洞口，必须设置牢固的盖板、防护栏杆、安全网或其他防坠落的防护设施。如图3-61所示。

2）电梯井口必须设防护栏杆或固定栅门；电梯井内应每隔两层并最多隔10m设一道安全网。如图3-62、图3-63所示。

3）钢管桩、钻孔桩等桩孔上口，杯形、条形基础上口，未填土的坑槽，以及人孔、天窗、地板门等处，均应按洞口防护设置稳固的盖件。

4）施工现场通道附近的各类洞口与坑槽等处，除设置防护设施与安全标志外，夜间还应设红灯警示。

（4）洞口根据具体情况采取设防护栏杆、加盖件、张挂安全网与装栅门等措施时，必须符合下列要求：

1）边长在1500mm以上的洞口，四周设防护栏杆，洞口下张挂安全平网。如图3-64所示。

图3-61 孔洞设置盖板进行防护

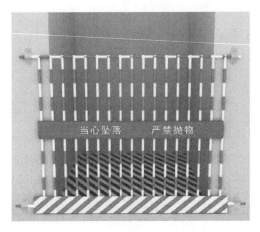

图3-62 电梯井口必须设防护栏杆或固定栅门

图3-63 电梯井道内安全网设置

图3-64 孔洞设置防护栏杆进行防护

2）位于车辆行驶道旁的洞口、深沟与管道坑、槽，所加盖板应能承受不小于当地额定卡车后轮有效承载力2倍的荷载。

3）下边沿至楼板或地面低于800mm的窗台等竖向洞口，如侧边落差大于2m时，应加设1.2m高的临时护栏。如图3-65所示。

4）对邻近的人与物有坠落危险的其他竖向的孔、洞口，均应予以加盖或加以防护，并有固定其位置的措施。

3.5.3 攀登与悬空作业的安全防护

（1）梯脚底部应坚实，不得垫高使用。梯子的上端应有固定措施。立梯不得有缺档。

（2）梯子如需接长使用，必须有可靠的连接措施，且接头不得超过1处。连接后梯梁的强度，不应低于单梯梯梁的强度。

（3）固定式直爬梯应采用金属材料制成。梯宽不应大于500mm，支撑应采用不小于∟70×6的角钢，埋设与焊接均必须牢固。梯子顶端的踏棍应与攀登的顶面齐平，并加设1～1.5m高的扶手。如图3-66所示。

图3-65 矮窗口临边防护设置

图3-66 固定式直爬梯

使用直爬梯进行攀登作业时，如攀登高度超过8m，则必须设置梯间平台。

（4）作业人员应从规定的通道上下，不得从阳台之间等非规定通道进行攀登，也不得任意利用吊车臂架等施工设备进行攀登。上下梯子时，必须面向梯子，且不得手持器物。

（5）悬空作业处应有牢靠的立足处，并必须视具体情况，配置防护栏网、栏杆或其他安全设施。

（6）构件吊装和管道安装时的悬空作业，必须遵守下列规定：

1）悬空安装大模板、吊装第一块预制构件、吊装单独的大中型预制构件时，必须站在操作平台上操作。吊装中的大模板和预制构件以及石棉水泥板等屋面板上，严禁站人和行走。

2）安装管道时必须有已完结构或操作平台作为立足点，严禁在安装中的管道上站立和行走。

（7）模板支撑和拆卸时的悬空作业，必须遵守下列规定：

1）支模应按规定的作业程序进行，模板未固定前不得进行下一道工序。严禁在连接件和支撑件上上下攀登，并严禁在上下同一垂直面上装、拆模板。结构复杂的模板，装、拆应严格按照施工组织设计的措施进行。

2）支设高度在3m以上的柱模板，四周应设斜撑，并应设立操作平台，如图3-67所示。低于 3m 的可使用马凳操作。

图 3-67　柱模板斜撑设置

3）支设悬挑形式的模板时，应有稳固的立足点。支设临空构筑物的模板时，应搭设支架或脚手架。模板上有预留洞时，应在安装后将洞盖上。混凝土板上拆模后形成的临边或洞口，应进行防护。

拆模高处作业，应配置登高用具或搭设支架。

(8) 钢筋绑扎时的悬空作业，必须遵守下列规定：

1）绑扎钢筋和安装钢筋骨架时，必须搭设脚手架和马道（见图 3-68）。

2）绑扎圈梁、挑梁、挑檐、外墙和边柱等钢筋时，应搭设操作台架和张挂安全网。

悬空大梁钢筋的绑扎，必须在满铺脚手板的支架或操作平台上操作。

(9) 混凝土浇筑时的悬空作业，必须遵守下列规定：

1）浇筑离地 2m 以上的框架、过梁、雨篷和小平台时，应设操作平台（见图 3-69），不得直接站在模板或支撑件上操作。

图 3-68　绑扎钢筋时的悬空作业
必须搭设脚手架

图 3-69　混凝土浇筑时的悬空作业
应设操作平台

2）浇筑拱形结构时，应自两边拱脚对称地相向进行。浇筑储仓时，下口应先行封闭，并搭设脚手架以防人员坠落。

3）特殊情况下如无可靠的安全设施，必须系好安全带并扣好保险钩，并加设安全网。

(10) 悬空进行门窗作业时，必须遵守下列规定：

1)安装门、窗,油漆及安装玻璃时,严禁操作人员站在檐子、阳台栏板上操作。门、窗临时固定,封填材料未达到强度以及电焊时,严禁手拉门、窗进行攀登。

2)在高处外墙安装门、窗,无外脚手架时,应张挂安全网。无安全网时,操作人员应系好安全带,其保险钩应挂在操作人员上方的可靠物件上。

3)进行各项窗口作业时,操作人员的重心应位于室内,不得在窗台上站立,必要时应系好安全带进行操作。

3.5.4 操作平台与交叉作业的安全防护

(1)移动式操作平台,必须符合下列规定:

1)装设轮子的移动式操作平台(见图 3-70),轮子与平台的接合处应牢固可靠,立柱底端离地面不得超过 80mm。

2)操作平台四周必须按临边作业要求设置防护栏杆,并应布置登高扶梯。

(2)悬挑式钢平台,必须符合下列规定:

1)悬挑式钢平台应按现行的相应规范进行设计,其结构构造应能防止左右晃动,计算书及图纸应编入施工组织设计。

图 3-70 移动式操作平台

2)悬挑式钢平台的搁置点与上部拉结点(见图 3-71),必须位于建筑物上,不得设置在脚手架等施工设备上。

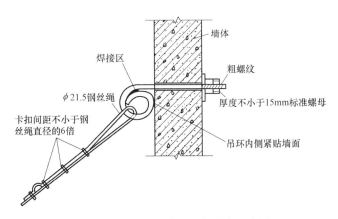

图 3-71 悬挑式钢平台上部拉结点示意图

3)应设置 4 个经过验算的吊环(见图 3-72)。吊运平台时应使用卡环,不得使吊钩直接钩挂吊环。吊环应采用甲类 3 号沸腾钢制作。

4)悬挑式钢平台安装时,钢丝绳应采用专用的挂钩挂牢,采取其他方式时卡头的卡子不得少于 3 个。建筑物锐角利口围系钢丝绳处应加衬软垫物,钢平台外口应略高于内口。

5) 悬挑式钢平台左右两侧必须装设固定的防护栏杆。

6) 悬挑式钢平台吊装,需待横梁支撑点电焊固定(见图 3-73),接好钢丝绳,调整完毕,经过检查验收,方可松卸起重吊钩,上下操作。

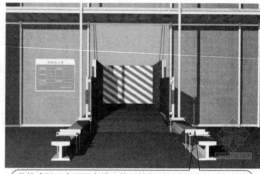

图 3-72　悬挑式钢平台应设置 4 个吊环　　图 3-73　悬挑式钢平台钢梁支撑点固定

7) 悬挑式钢平台使用时,应有专人进行检查,发现钢丝绳有锈蚀损坏应及时调换,焊缝脱焊应及时修复。

(3) 操作平台上应显著地标明容许荷载值。操作平台上人员和物料的总质量,严禁超过设计的容许荷载。应配备专人加以监督。

(4) 支模、粉刷、砌墙等各工种进行上下立体交叉作业时,不得在同一垂直方向上操作。下层作业的位置,必须处于依据上层高度确定的可能坠落范围半径之外。不符合以上条件时,应设置安全防护层。

(5) 钢模板部件拆除后,临时堆放处离楼层边沿不应小于 1m,堆放高度不得超过 1m。楼层边口、通道口、脚手架边缘等处,严禁堆放任何拆下物件。

(6) 由于上方施工可能坠落物件或处于起重机把杆回转范围之内的通道,在其受影响的范围内,必须搭设顶部能防止穿透的双层防护廊。

4 与防水施工有关的规范

4.1 地下工程防水技术规范

4.1.1 地下工程防水设计

(1) 地下工程迎水面主体结构应采用防水混凝土,并根据防水等级的要求采用其他防水措施。见图 4-1。

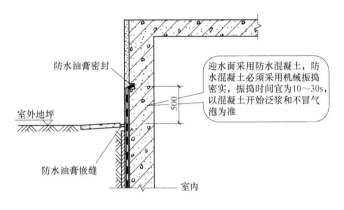

图 4-1 地下工程防水做法

(2) 地下工程不同防水等级的适用范围,应根据工程的重要性和使用中对防水的要求按表 4-1 选定。工程竣工验收前需要按标准要求对渗漏水问题进行处理。

不同防水等级的适用范围   表 4-1

防水等级	适 用 范 围
一级	人员长期停留的场所;因有少量湿渍会使物品变质、失效的贮物场所及严重影响设备正常运转和危及工程安全运营的部位;极重要的战备工程、地铁车站
二级	人员经常活动的场所;在有少量湿渍的情况下不会使物品变质、失效的贮物场所及基本不影响设备正常运转和工程安全运营的部位;重要的战备工程
三级	人员临时活动的场所;一般战备工程
四级	对渗漏水无严格要求的工程

4.1.2 地下工程混凝土结构主体防水

(1) 防水混凝土结构底板的混凝土垫层,强度等级不应低于 C15,厚度不应小于 100mm,在软弱土层中不应小于 150mm。见图 4-2。

(2) 防水混凝土结构,应符合下列规定:

1) 结构厚度不应小于 250mm;

2）裂缝宽度不得大于 0.2mm，并不得贯通；

3）钢筋保护层厚度应根据结构的耐久性和工程环境选用，迎水面钢筋保护层厚度不应小于 50mm。

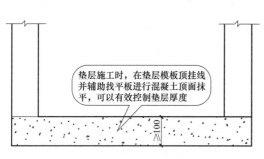

图 4-2　防水垫层示意图

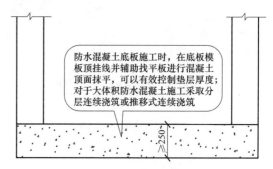

图 4-3　防水混凝土底板施工

（3）防水混凝土施工前应做好降排水工作，不得在有积水的环境中浇筑混凝土。见图 4-3、图 4-4。

（4）防水混凝土采用预拌混凝土时，入泵坍落度宜控制在 120～160mm，坍落度每小时损失值不应大于 20mm，坍落度总损失值不应大于 40mm。预拌混凝土的初凝时间宜为 6～8h。见图 4-4。

（5）防水混凝土拌合物在运输后如出现离析，则必须进行二次搅拌。当坍落度损失后不能满足施工要求时，应加入原水胶比的水泥浆或掺加同品种的减水剂进行搅拌，严禁直接加水。防水混凝土拌合物应采用机械搅拌，搅拌时间不宜小于 2min。见图 4-5。

图 4-4　防水底板混凝土浇筑

图 4-5　混凝土搅拌运输

（6）防水混凝土应连续浇筑，宜少留施工缝。当留设施工缝时，应符合下列规定（见图 4-6）：

1）墙体水平施工缝不应留在剪力最大处或底板与侧墙的交接处，应留在高出底板表面不小于 300mm 的墙体上。拱（板）墙结合的水平施工缝，宜留在拱（板）墙接缝线以下 150～300mm 处。墙体有预留孔洞时，施工缝距孔洞边缘不应小于 300mm。

2）垂直施工缝应避开地下水和裂隙水较多的地段，并宜与变形缝相结合。

（7）大体积防水混凝土应采取保温保湿养护。混凝土中心温度与表面温度的差值不应大于25℃，表面温度与大气温度的差值不应大于20℃，温降梯度不得大于3℃/d，养护时间不应少于14d。见图4-7。

图4-6 施工缝留置

图4-7 大体积防水混凝土养护

（8）水平施工缝浇灌混凝土前，应将其表面浮浆和杂物清除，先铺净浆或涂刷混凝土界面处理剂、水泥基渗透结晶型防水涂料，再铺30～50mm厚的1:1水泥砂浆，并及时浇灌混凝土；垂直施工缝浇灌混凝土前，应将其表面清理干净，并涂刷水泥基渗透结晶型防水涂料或混凝土界面处理剂，并及时浇灌混凝土。见图4-8。

（9）基层处理剂喷涂或刷涂应均匀一致，不应露底，表面干燥后方可铺贴卷材。见图4-9。

图4-8 水平施工缝处理

图4-9 基层处理

（10）铺贴双层卷材时，上下两层和相邻两幅卷材的接缝应错开1/3～1/2幅宽，且两层卷材不得相互垂直铺贴。见图4-10。

（11）结构底板垫层混凝土部位的卷材可采用空铺法或点粘法施工，其粘结位置、点粘面积应按设计要求确定；侧墙采用外防外贴法的卷材及顶板部位的卷材应采用满粘法施工。

（12）混凝土结构完成，铺贴立面卷材时，应先将接槎部位的各层卷材揭开，并应将其表面清理干净，如卷材有局部损伤，应及时进行修补；卷材接槎的搭接长度，高聚物改

图4-10 防水卷材施工

性沥青类卷材应为150mm，合成高分子类卷材应为100mm；当使用两层卷材时，卷材应错槎接缝，上层卷材应盖过下层卷材。见图4-11。

(13) 采用外防内贴法铺贴卷材防水层时，应符合下列规定：

1) 混凝土结构的保护墙内表面应抹厚度为20mm的1：3水泥砂浆找平层，然后铺贴卷材。

2) 卷材宜先铺立面，后铺平面；铺贴立面时，应先铺转角，后铺大面。

图4-11 卷材防水层甩槎、接槎构造示意图
(a) 甩槎；(b) 接槎
1—临时保护墙；2—永久保护墙；3—细石混凝土保护层；4—卷材防水层；
5—水泥砂浆找平层；6—混凝土垫层；7—卷材加强层；8—结构墙体；
9—卷材加强层；10—卷材防水层；11—卷材保护层

(14) 卷材防水层经检查合格后，应及时做保护层，保护层应符合下列规定：

1) 顶板卷材防水层上的细石混凝土保护层，应符合下列规定：

采用机械碾压回填土时，保护层厚度不宜小于70mm；采用人工回填土时，保护层厚度不宜小于50mm；防水层与保护层之间宜设置隔离层。

2) 底板卷材防水层上的细石混凝土保护层厚度不应小于50mm。

3) 侧墙卷材防水层宜采用软质保护材料或铺抹20mm厚1：2.5水泥砂浆层。

(15) 防水涂料应分层刷涂或喷涂，涂层应均匀，不得漏刷漏涂；接槎宽度不应小于100mm。见图4-12。

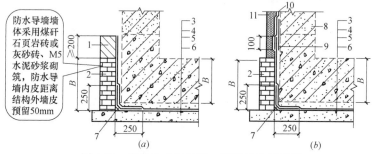

图4-12 防水涂料施工效果

(16) 铺设塑料防水板前应先铺缓冲层，缓冲层应采用暗钉圈固定在基面上。见图4-13。

(17) 铺设塑料防水板时，宜由拱顶向两侧展铺，并应边铺边用压焊机将塑料板与暗

钉圈焊接牢靠，不得有漏焊、假焊和焊穿现象。两幅塑料防水板的搭接宽度不应小于100mm。搭接缝应为热熔双焊缝，每条焊缝的有效宽度不应小于10mm。

（18）主体结构内侧设置金属防水层时，金属板应与结构内的钢筋焊牢，也可在金属防水层上焊接一定数量的锚固件。见图4-14。

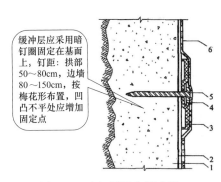

图4-13 暗钉圈固定缓冲层
1—初期支护；2—缓冲层；3—热塑性暗钉圈；
4—金属垫圈；5—射钉；6—塑料防水板

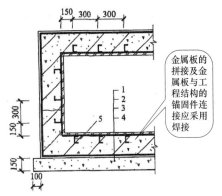

图4-14 内侧金属板防水层
1—金属板；2—主体结构；3—防水砂浆；
4—垫层；5—锚固筋

（19）主体结构外侧设置金属防水层时，金属板应焊在混凝土结构的预埋件上。金属板经焊缝检查合格后，应将其与结构间的空隙用水泥砂浆灌实。见图4-15。

（20）膨润土防水材料应采用水泥钉和垫片固定。立面和斜面上的固定间距宜为400～500mm，平面上应在搭接缝处固定。膨润土防水材料应采用搭接法连接，搭接宽度应大于100mm。搭接部位的固定位置距搭接边缘的距离宜为25～30mm，搭接处应涂膨润土密封膏。平面搭接缝可干撒膨润土颗粒，用量宜为0.3～0.5kg/m。见图4-16。

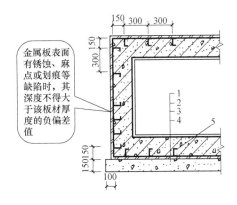

图4-15 外侧金属板防水层
1—防水砂浆；2—主体结构；3—金属板；
4—垫层；5—锚固筋

图4-16 膨润土防水材料施工

4.1.3 地下工程混凝土结构细部构造防水

（1）变形缝处混凝土结构的厚度不应小于300mm。

（2）变形缝的几种复合防水构造形式，见图 4-17。

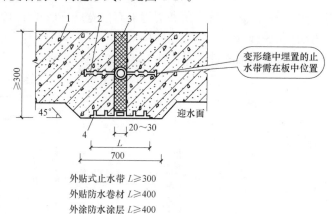

外贴式止水带 $L \geq 300$
外贴防水卷材 $L \geq 400$
外涂防水涂层 $L \geq 400$

1—混凝土结构；2—中埋式止水带；3—填缝材料；4—外贴止水带

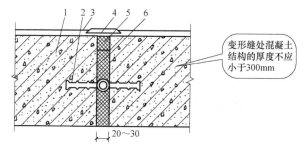

1—混凝土结构；2—中埋式止水带；3—防水层；4—隔离层；
5—密封材料；6—填缝材料

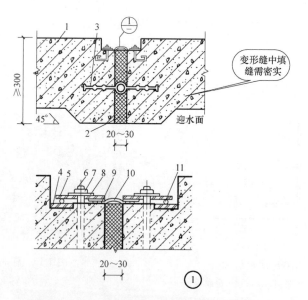

1—混凝土结构；2—填缝材料；3—中埋式止水带；4—预埋钢板；
5—紧固件压板；6—预埋螺栓；7—螺母；8—垫圈；
9—紧固件压块；10—Ω型止水带；11—紧固件圆钢

图 4-17 变形缝防水构造

（3）后浇带应在其两侧混凝土龄期达到42d后再施工；高层建筑的后浇带施工应按规定时间进行。后浇带应采用补偿收缩混凝土浇筑，其抗渗和抗压强度等级不应低于两侧混凝土。后浇带混凝土应一次浇筑，不得留设施工缝；混凝土浇筑后应及时养护，养护时间不得少于28d。后浇带应设在受力和变形较小的部位，其间距和位置应按结构设计要求确定，宽度宜为700～1000mm。见图4-18。

（4）后浇带两侧可做成平直缝或阶梯缝，其防水构造形式宜采用图4-19各种构造做法。

（5）后浇带需超前止水时，后浇带部位的混凝土应局部加厚，并应增设外贴式或中埋式止水带。见图4-20。

图4-18 后浇带施工

（6）后浇带坑、池、储水库宜采用防水混凝土整体浇筑，内部应设防水层。受振动作用时应设柔性防水层。底板以下的坑、池，其局部底板应相应降低，并应使防水层保持连续。见图4-21。

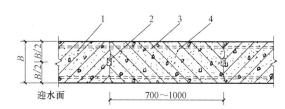

1—先浇混凝土；2—遇水膨胀止水条(胶)；3—结构主筋；4—后浇补偿收缩混凝土

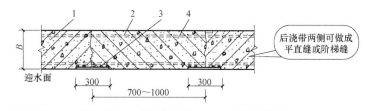

1—先浇混凝土；2—结构主筋；3—外贴式止水带；4—后浇补偿收缩混凝土

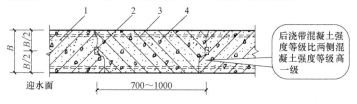

1—先浇混凝土；2—遇水膨胀止水条(胶)；
3—结构主筋；4—后浇补偿收缩混凝土

图4-19 后浇带防水构造

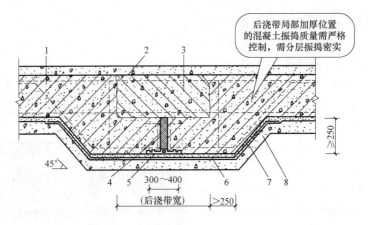

图 4-20 后浇带超前止水构造
1—混凝土结构；2—钢丝网片；3—后浇带；4—填缝材料；5—外贴式
止水带；6—细石混凝土保护层；7—卷材防水层；8—垫层混凝土

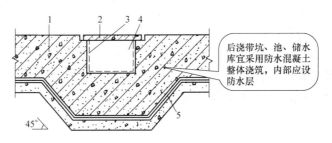

图 4-21 底板下坑、池的防水构造
1—底板；2—盖板；3—坑、池防水层；4—坑、池；5—主体结构防水层

4.2 地下防水工程质量验收规范

4.2.1 基本规定

地下防水工程是一个子分部工程，其分项工程的划分应符合表 4-2 的要求。

地下防水工程的分项工程　　　　表 4-2

子分部工程		分项工程
地下防水工程	主体结构防水	防水混凝土、水泥砂浆防水层、卷材防水层、涂料防水层、塑料防水板防水层、金属板防水层、膨润土防水材料防水层
	细部构造防水	施工缝、变形缝、后浇带、穿墙管、埋设件、预留通道接头、桩头、孔口、坑、池
	特殊施工法结构防水	锚喷支护、地下连续墙、盾构隧道、沉井、逆筑结构
	排水	渗排水、盲沟排水、隧道排水、坑道排水、塑料排水板排水
	注浆	预注浆、后注浆、结构裂缝注浆

4.2.2 主体结构防水工程

（1）混凝土在浇筑地点的坍落度，每工作班至少检查两次；泵送混凝土在交货地点的入泵坍落度，每工作班至少检查两次。见图4-22。

（2）防水混凝土抗压强度试件，应在混凝土浇筑地点随机取样后制作，并应符合下列规定（见图4-23）：

1）同一工程、同一配合比的混凝土，取样频率和试件留置组数应符合现行国家标准《混凝土结构工程施工质量验收规范》GB 50204—2015 的有关规定。

2）抗压强度试验应符合现行国家标准《普通混凝土力学性能试验方法标准》GB/T 50081—2002 的有关规定。

图 4-22 混凝土坍落度检查

3）结构构件的混凝土强度评定应符合现行国家标准《混凝土强度检验评定标准》GB/T 50107—2010 的有关规定。

（3）防水混凝土抗渗性能应采用标准条件下养护的混凝土抗渗试件的试验结果评定，试件应在混凝土浇筑地点随机取样后制作，并应符合下列规定（见图4-23）：

1）连续浇筑混凝土每 500m³ 应留置一组（6个）抗渗试件，且每项工程不得少于 2 组；采用预拌混凝土的抗渗试件，留置组数应视结构的规模和要求而定。

2）抗渗性能试验应符合现行国家标准《普通混凝土长期性能和耐久性能试验方法标准》GB/T 50082—2009 的有关规定。

（4）大体积防水混凝土的施工应采取材料选择、温度控制、保温保湿等技术措施。在设计许可的情况下，掺粉煤灰混凝土设计强度的龄期宜为 60d 或 90d。见图4-24。

图 4-23 混凝土试块留置

图 4-24 大体积防水混凝土浇筑

（5）防水混凝土分项工程检验批的抽样检验数量，应按混凝土外露面积每 100m² 抽查 1 处，每处 10m²，且不得少于 3 处。见图4-25。

（6）防水混凝土结构表面的裂缝宽度不应大于 0.2mm，且不得贯通；防水混凝土结构厚度不应小于 250mm，其允许偏差应为 +8mm、-5mm；主体结构迎水面钢筋保护层厚度不应小于 50mm，其允许偏差为 ±5mm。见图4-26。

图 4-25　防水混凝土抽样检验

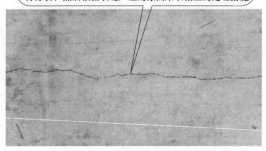
图 4-26　防水混凝土结构

（7）水泥砂浆防水层分项工程检验批的抽样检验数量，应按施工面积每 100m² 抽查 1 处，每处 10m²，且不得少于 3 处。见图 4-27。

（8）基层阴阳角应做成圆弧或 45°坡角，其尺寸应根据卷材品种确定；在转角处、变形缝、施工缝、穿墙管等部位应铺贴卷材加强层，加强层宽度不应小于 500mm。见图 4-28。

图 4-27　水泥砂浆防水层

图 4-28　防水卷材施工

（9）立面施工时，在自粘边位置距离卷材边缘 10～20mm 内，每隔 400～600mm 应进行机械固定，并应保证固定位置被卷材完全覆盖。见图 4-29。

（10）立面涂料防水层的施工应符合下列规定（见图 4-30）：

1）涂料应分层涂刷或喷涂，涂层应均匀，涂刷应待前一遍涂层干燥成膜后进行；每遍涂刷时应交替改变涂层的涂刷方向，同层涂膜的先后搭压宽度宜为 30～50mm；

2）涂料防水层的甩槎处接缝宽度不应小于 100mm，接涂前应将其甩槎表面处理干净；

图 4-29　卷材机械固定

3）采用有机防水涂料时，基层阴阳角处应做成圆弧；在转角处、变形缝、施工缝、穿墙管等部位应增加胎体增强材料和增涂防水涂料，宽度不应小于50mm；

4）胎体增强材料的搭接宽度不应小于100mm，上下两层和相邻两幅胎体的接缝应错开1/3幅宽，上下层胎体不得相互垂直铺贴。

（11）涂料防水层分项工程检验批的抽检数量，应按铺贴面积每100m² 抽查1处，每处10m²，且不得少于3处。见图4-31。

图4-30 立面涂料防水层施工

图4-31 涂料防水层

（12）涂料防水层的平均厚度应符合设计要求，最小厚度不得低于设计厚度的90%。见图4-31。

（13）金属板防水层分项工程检验批的抽样检验数量，应按铺设面积每10m² 抽查1处，每处1m²，且不得少于3处。焊缝表面缺陷检验应按焊缝的条数抽查5%，且不得少于1条焊缝；每条焊缝检查1处，总抽查数不得少于10处。见图4-32。

（14）膨润土防水材料应采用水泥钉和垫片固定；立面和斜面上的固定间距宜为400mm～500mm，平面上应在搭接缝处固定。见图4-33。

（15）膨润土防水材料的搭接宽度应大于100mm；搭接部位的固定间距宜为200mm～300mm，固定点与搭接边缘的距离宜为25mm～30mm，搭接处应涂抹膨润土密封膏。平面搭接缝处可干撒膨润土颗粒，其用量宜为0.3～0.5kg/m。见图4-33。

图4-32 金属板防水层

图4-33 膨润土防水材料施工

图 4-34　膨润土防水材料

（16）转角处和变形缝、施工缝、后浇带等部位均应设置宽度不小于 500mm 的加强层，加强层应设置在防水层与结构外表面之间。穿墙管件宜采用膨润土橡胶止水条、膨润土密封膏进行加强处理。见图 4-33。

（17）膨润土防水材料防水层分项工程检验批的抽检数量，应按铺贴面积每 100m² 抽查 1 处，每处 10m²，且不得少于 3 处。见图 4-34。

4.2.3　细部构造防水工程

（1）中埋式止水带埋设位置应准确，其中间空心圆环与变形缝的中心线应重合。见图 4-35。

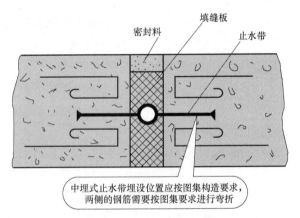

图 4-35　中埋式止水带示意图

（2）采用掺膨胀剂的补偿收缩混凝土，其抗压强度、抗渗性能和限制膨胀率必须符合设计要求。

图 4-36　桩头防水处理做法

（3）桩头顶面和侧面裸露处应涂刷水泥基渗透结晶型防水涂料，并延伸至结构底板垫层150mm处；桩头周围300mm范围内应抹聚合物水泥防水砂浆过渡层。见图4-36。

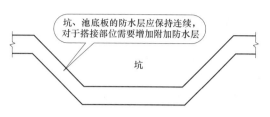

图4-37 坑、池底板

（4）坑、池底板的混凝土厚度不应小于250mm；当底板混凝土厚度小于250mm时，应采取局部加厚措施，并应使防水层保持连续。见图4-37。

4.3 地下室防水施工技术规程

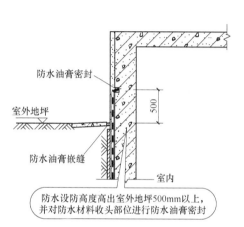

图4-38 防水设防高度

图4-39 聚氨酯防水涂料施工

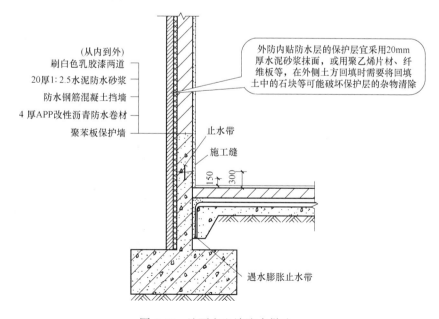

图4-40 地下室立墙防水做法

4.3.1 基本规定

(1) 附建式的全地下或半地下室的防水设防高度应高出室外地坪高程 500mm 以上，见图 4-38。

(2) 选用单组分聚氨酯防水涂料作为一道防水层，复合使用时涂膜厚度应不小于 1.5mm，单独使用时涂膜厚度应不小于 2.0mm。见图 4-39。

(3) 地下室立墙外防外贴防水层宜选用聚苯板等软保护层；外防内贴防水层的保护层宜采用 20mm 厚水泥砂浆抹面，或用聚乙烯片材、纤维板等。见图 4-40。

4.3.2 地下室防水细部构造

(1) 一般钢筋混凝土底板、外墙防水外防外贴做法，见图 4-41。

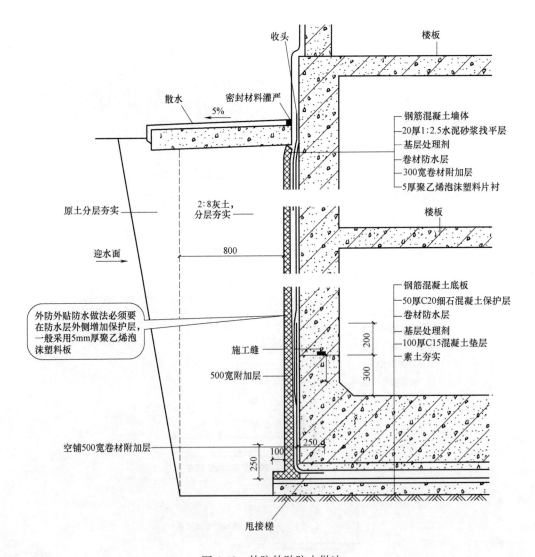

图 4-41 外防外贴防水做法

（2）地下室底板、外墙防水外防内贴做法，见图 4-42。

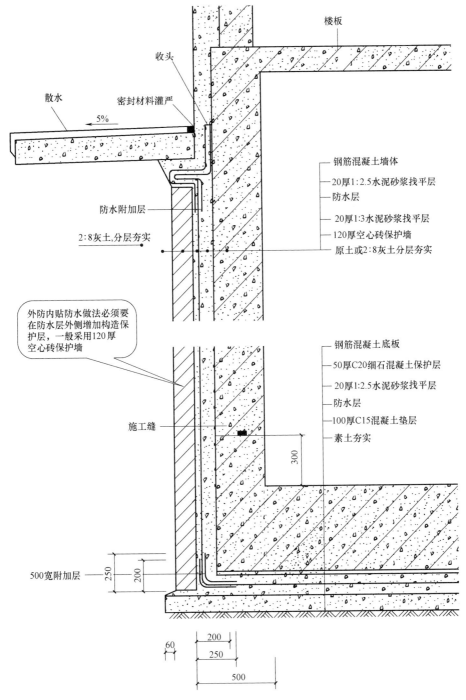

图 4-42 外防内贴防水做法

（3）悬挑底板钢筋混凝土外墙防水做法，见图 4-43。
（4）桩头防水做法，见图 4-44。

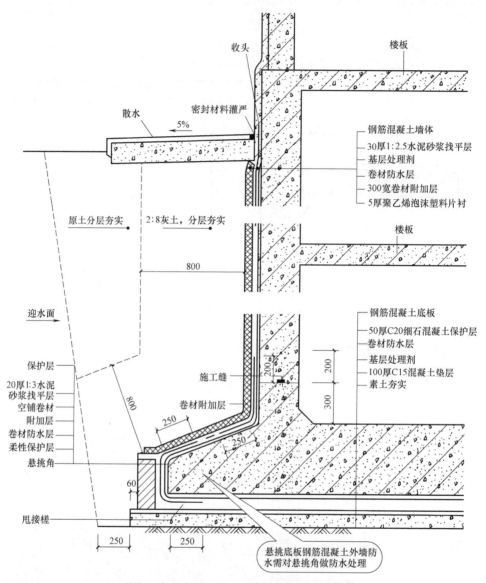

图 4-43 悬挑底板钢筋混凝土外墙防水做法

4.3.3 施工工艺

（1）固定模板用螺栓的防水做法，见图 4-45。

（2）防水混凝土应连续浇筑，宜不留或少留施工缝。当必须留设施工缝时，应符合下列规定：

1）施工缝留设的位置

① 水平施工缝不应留设在剪力或弯矩最大处或底板与侧墙的交接处，应留设在高出底板表面不小于 300mm 的墙体上。拱（板）墙结合的水平施工缝，宜留设在拱（板）墙接缝以下 150～300mm 处。墙体有预留孔洞时，施工缝距孔洞边缘不应小于 300mm。

4 与防水施工有关的规范

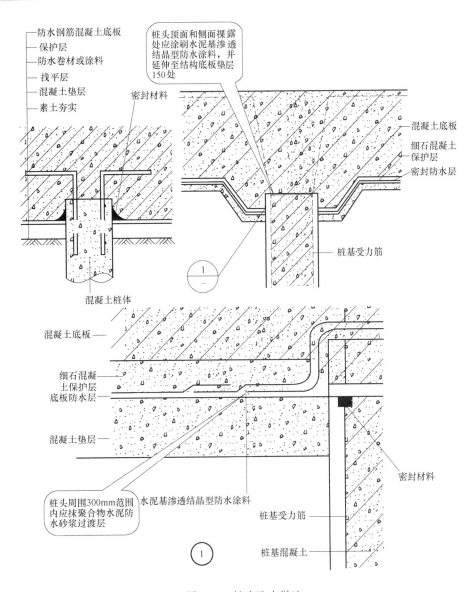

图 4-44 桩头防水做法

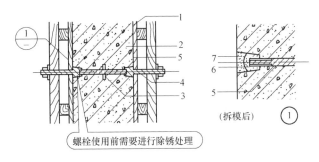

图 4-45 固定模板用螺栓的防水做法
1—模板；2—结构混凝土；3—止水环；4—工具式螺栓；
5—固定模板用螺栓；6—嵌缝材料；7—聚合物水泥砂浆

② 垂直施工缝应避开地下水和裂隙水较多的地段，并宜与变形缝相结合。

2）施工缝防水的构造形式

施工缝应为平缝，采用多道防水措施，其构造形式见图 4-46。

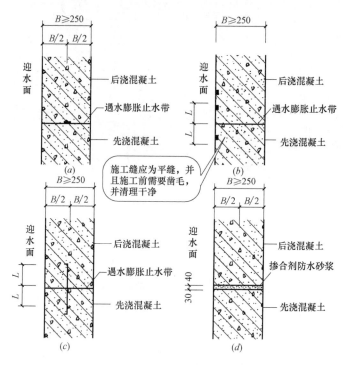

图 4-46　4 种施工缝防水构造形式
(a) 形式 1；(b) 形式 2；(c) 形式 3；(d) 形式 4

（3）施工缝新旧混凝土接缝处理

1）水平施工缝浇筑混凝土前，应清除表面浮浆和杂物，先铺一道净浆，再铺设 30～50mm 厚的 1∶1 水泥砂浆或涂刷界面处理剂或涂刷水泥基渗透结晶型防水涂料等，并及时浇筑混凝土；

2）垂直施工缝浇筑混凝土前，应将其表面清理干净，涂刷一道水泥净浆或混凝土界面处理剂或水泥基渗透结晶型防水涂料，并及时浇筑混凝土；见图 4-47。

图 4-47　施工缝处理

4.4 建筑室内防水工程技术规程

4.4.1 防水工程设计

（1）厕浴间、厨房的墙体，宜设置高出楼地面150mm以上的现浇混凝土泛水，见图4-48。

（2）厕浴间、厨房四周墙根防水层泛水高度不应小于250mm，其他墙面防水以可能溅到水的范围为基准向外延伸不应小于250mm。浴室花洒喷淋的临墙面防水高度不得低于2m，见图4-49。

图4-48 施工缝处理

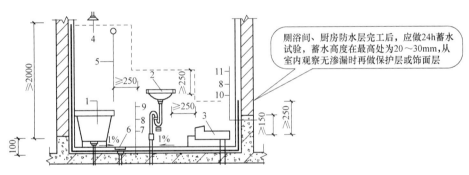

图4-49 厕浴间墙面防水高度示意图

1—浴缸；2—洗手池；3—蹲便器；4—嘴淋头；5—浴帘；6—地漏；7—现浇混凝土接板；
8—防水层；9—地面饰面层；10—混凝土泛水；11—墙面饰面层

（3）穿过楼板的套管，在管体的粘结高度不应小于20mm，平面宽度不应小于150mm。用于热水管道防水处理的防水材料和辅料，应具有相应耐热性能，见图4-50。

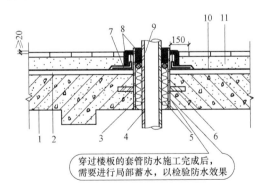

图4-50 穿楼板管道防水做法

1—结构楼板；2—找平找坡层；3—防水套管；4—穿楼板管道；5—阻燃密实材料；6—止水环；
7—附加防水层；8—高分子密封材料；9—背衬材料；10—防水层；11—地面砖及结合层

（4）地漏与地面混凝土间应留置凹槽，用合成高分子密封胶进行密封防水处理。地漏四周应设置加强防水层，加强防水层宽度不应小于150mm。加强防水层在地漏收头处，应用合成高分子密封胶进行密封防水处理，见图4-51。

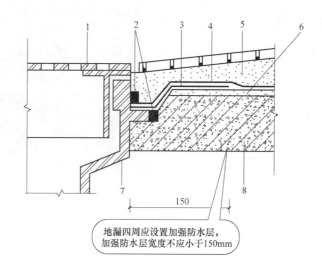

图4-51 室内地漏防水构造
1—地漏盖板；2—密封材料；3—附加层；4—防水层；5—地面砖及结合层；
6—水泥砂浆找平层；7—地漏；8—混凝土楼板

4.4.2 防水工程施工

（1）二次埋置的套管，其周围混凝土强度等级应比原混凝土提高一级（0.2MPa），并应掺膨胀剂；二次浇筑的混凝土结合面应清理干净后进行界面处理，混凝土应浇捣密实；加强防水层应覆盖施工缝，并超出其边缘不小于150mm。

（2）防水混凝土拌合物出现离析现象时，必须进行二次搅拌后使用。当坍落度损失后不能满足施工要求时，应加入原水胶比的水泥浆或二次掺加减水剂进行搅拌，严禁直接加水。

图4-52 聚合物水泥防水砂浆养护

图4-53 卫生间蓄水试验

（3）聚合物水泥防水砂浆未达到硬化状态时，不得浇水养护或直接受水冲刷，硬化后应采用干湿交替的养护方法。潮湿环境中可在自然条件下养护。见图4-52。

4.4.3 建筑室内防水工程验收

（1）地面和水池、泳池的蓄水试验应达到24h以上，墙面间歇淋水应达到30min以上进行检验。见图4-53。

（2）防水混凝土结构厚度应符合设计要求，其允许偏差为+15mm、-10mm；迎水面钢筋保护层厚度不应小于50mm，其允许偏差为±10mm。见图4-54。

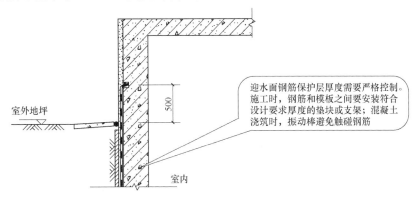

图4-54　防水混凝土结构厚度偏差要求

4.5　建筑外墙防水工程技术规程

（1）门窗框与墙体间的缝隙宜采用聚合物水泥防水砂浆或发泡聚氨酯填充；外墙防水层应延伸至门窗框，防水层与门窗框间应预留凹槽，并应嵌填密封材料；门窗上楣的外口应做滴水线；外窗台应设置不小于5%的外排水坡度。见图4-55。

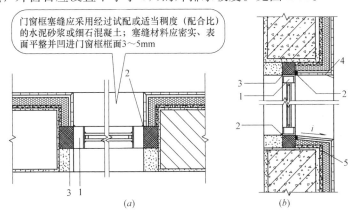

图4-55　门窗框防水构造
1—窗框；2—密封材料；3—聚合物水泥防水砂浆或发泡聚氨酯；4—滴水线；5—外墙防水层

（2）雨篷防水层应沿外口下翻至滴水线。见图4-56。

（3）阳台的水落口周边应留槽嵌填密封材料。阳台外口下沿应做滴水线。见图4-57。

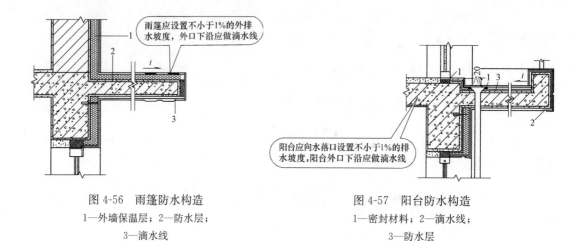

图 4-56 雨篷防水构造
1—外墙保温层；2—防水层；
3—滴水线

图 4-57 阳台防水构造
1—密封材料；2—滴水线；
3—防水层

（4）变形缝部位应增设合成高分子防水卷材附加层，附加层施工要求见图 4-58。

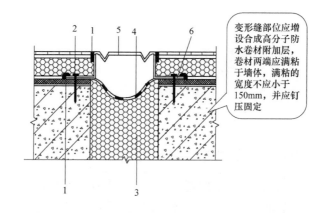

图 4-58 变形缝防水构造
1—密封材料；2—锚栓；3—衬垫材料；4—合成高分子防水卷材
（两端粘结）；5—不锈钢板；6—压条

（5）穿过外墙的管道宜采用套管，套管周边应作防水密封处理。见图 4-59。

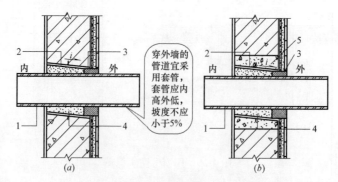

图 4-59 伸出外墙管道防水构造
1—伸出外墙管道；2—套管；3—密封材料；
4—聚合物水泥防水砂浆；5—细石混凝土

（6）女儿墙压顶宜采用现浇钢筋混凝土或金属压顶，当采用现浇钢筋混凝土压顶时，外墙防水层应延伸至压顶内侧的滴水线部位，当采用金属压顶时，外墙防水层应做到压顶的顶部，金属压顶应采用专用金属配件固定。见图4-60。

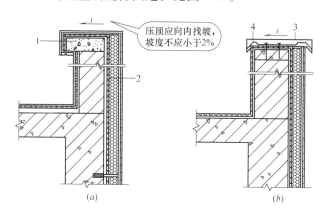

图4-60 压顶女儿墙防水构造
（a）现浇钢筋混凝土压顶；（b）金属压顶
1—现浇钢筋混凝土压顶；2—防水层；3—金属压顶；4—金属配件

4.6 屋面工程技术规范

4.6.1 屋面工程设计

（1）屋面防水工程应根据建筑物的类别、重要程度、使用功能要求确定防水等级，并应按相应等级进行防水设防；对防水有特殊要求的建筑屋面，应进行专项防水设计。屋面防水等级和设防要求应符合表4-3的规定。

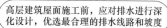

屋面防水等级和设防要求　　　表4-3

防水等级	建筑类别	设防要求
Ⅰ级	重要建筑和高层建筑	两道防水设防
Ⅱ级	一般建筑	一道防水设防

（2）高层建筑屋面宜采用内排水；多层建筑屋面宜采用有组织外排水；低层建筑及檐高小于10m的屋面，可采用无组织排水。多跨及汇水面积较大的屋面宜采用大沟排水，大沟找坡较长时，宜采用中间内排水和两端外排水。见图4-61。

（3）高跨屋面为无组织排水时，其低跨屋面受水冲刷的部位应加铺一层卷材，并应设40～50mm厚、300～500mm宽的C20细石混凝土保护层；高跨屋面为有组织排水时，水落管下应加设水簸箕。

图4-61 屋面排水要求

(4) 檐沟、天沟的过水断面，应根据屋面汇水面积的雨水流量经计算确定。见图4-62。

(5) 混凝土结构层宜采用结构找坡，坡度不应小于3%；当采用材料找坡时，宜采用质量轻、吸水率低和有一定强度的材料，坡度宜为2%。见图4-63。

图4-62 檐沟、天沟排水要求　　　图4-63 屋面排水坡度要求

(6) 保温层上的找平层应留设分格缝，缝宽宜为5～20mm，纵横缝的间距不宜大于6m。见图4-64。

(7) 种植隔热层的屋面坡度大于20%时，其排水层、种植土应采取防滑措施。

(8) 当采用混凝土板架空隔热层时，架空隔热层的高度宜为180～300mm，架空板与女儿墙的距离不应小于250mm。见图4-65。

图4-64 屋面保温层分格缝　　　图4-65 架空屋面坡度要求

(9) 蓄水隔热层的蓄水池应采用强度等级不低于C25、抗渗等级不低于P6的现浇混凝土，蓄水池内宜采用20mm厚防水砂浆抹面；蓄水隔热层的排水坡度不宜大于0.5%；蓄水池的蓄水深度宜为150～200mm。

(10) 采用块体材料作保护层时，宜设分格缝，其纵横间距不宜大于10m，分格缝宽度宜为20mm，并应用密封材料嵌填。

(11) 采用水泥砂浆作保护层时，表面应抹平压光，并应设表面分格缝，分格面积宜为1m²。

(12) 采用细石混凝土作保护层时，表面应抹平压光，并应设分格缝，其纵横间距不应大于 6m，分格缝宽度宜为 10～20mm，并应用密封材料嵌填。

(13) 压型金属板采用咬口锁边连接时，屋面的排水坡度不宜小于 5%；压型金属板采用紧固件连接时，屋面的排水坡度不宜小于 10%。见图 4-66。

(14) 金属檐沟、天沟的伸缩缝间距不宜大于 30m；内檐沟及内天沟应设置溢流口或溢流系统，沟内宜按 0.5% 找坡。

(15) 采光带设置宜高出金属板屋面 250mm。采光带的四周与金属板屋面的交接处，均应做泛水处理。见图 4-67。

图 4-66 金属板屋面坡度要求

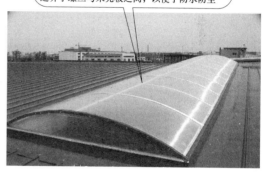

图 4-67 金属屋面采光带

(16) 玻璃采光顶应采用支承结构找坡。见图 4-68。

(17) 檐口、檐沟外侧下端及女儿墙压顶内侧下端等部位均应设置滴水槽。见图 4-69。

图 4-68 玻璃采光顶坡度要求

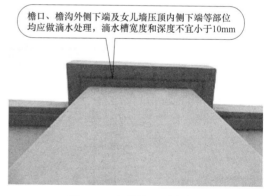

图 4-69 女儿墙压顶滴水槽

(18) 卷材防水屋面檐口 800mm 范围内的卷材应满粘，卷材收头应采用金属压条钉压，并应用密封材料封严。见图 4-70。

(19) 涂膜防水屋面檐口的涂膜收头，应用防水涂料多遍涂刷。檐口下端应做鹰嘴和滴水槽。见图 4-71。

(20) 烧结瓦、混凝土瓦屋面的瓦头挑出檐口的长度宜为 50～70mm。见图 4-72。

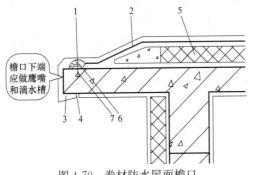
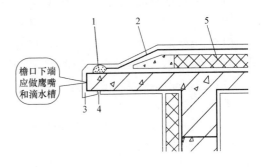

图 4-70 卷材防水屋面檐口

1—密封材料；2—卷材防水层；3—鹰嘴；4—滴水槽；
5—保温层；6—金属压条；7—水泥钉

图 4-71 涂膜防水屋面檐口

1—涂料多遍涂刷；2—涂膜防水层；3—鹰嘴；
5—滴水槽；5—保温层

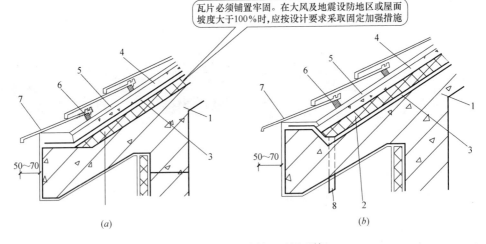

图 4-72 烧结瓦、混凝土瓦屋面檐口

(a) 保温上置；(b) 保温在下

1—结构层；2—保温层；3—防水层或防水垫层；4—持钉层；
5—顺水条；6—挂瓦条；7—烧结瓦或混凝土瓦；8—泄水管

(21) 沥青瓦屋面的瓦头挑出檐口的长度宜为 10～20mm；金属滴水板应固定在基层上，伸入沥青瓦下宽度不应小于 80mm，向下延伸长度不应小于 60mm。见图 4-73。

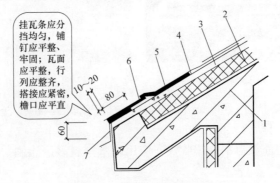

图 4-73 沥青瓦屋面檐口

1—结构层；2—保温层；3—持钉层；4—防水层或防水垫层；5—沥青瓦；6—起始层沥青瓦；7—金属滴水板

（22）屋面板与墙板交接处应设置金属封檐板和压条。见图4-74。

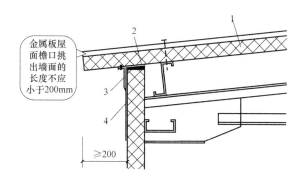

图4-74　金属板屋面檐口
1—金属板；2—通长密封条；3—金属压条；4—金属封檐板

（23）卷材或涂膜防水屋面檐沟和天沟的防水构造（见图4-75），应符合下列规定：

1）檐沟和天沟的防水层下应增设附加层，附加层伸入屋面的宽度不应小于250mm；

2）檐沟防水层和附加层应由沟底翻上至外侧顶部，卷材收头应用金属压条钉压，并应用密封材料封严，涂膜收头应用防水涂料多遍涂刷；

3）檐沟外侧下端应做鹰嘴或滴水槽；

4）檐沟外侧高于屋面结构板时，应设置溢水口。

（24）烧结瓦、混凝土瓦屋面檐沟和天沟的防水构造（见图4-76），应符合下列规定：

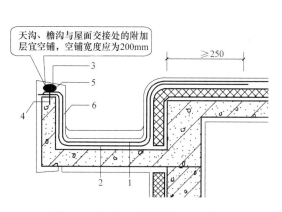

图4-75　卷材、涂膜防水屋面檐沟
1—防水层；2—附加层；3—密封材料；
4—水泥钉；5—金属压条；6—保护层

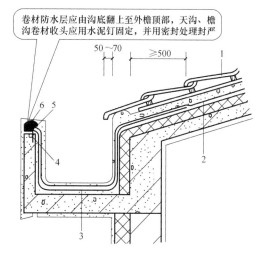

图4-76　烧结瓦、混凝土瓦屋面檐沟
1—烧结瓦或混凝土瓦；2—防水层或防水垫层；
3—附加层；4—水泥钉；5—金属压条；6—密封材料

1）檐沟和天沟防水层下应增设附加层，附加层伸入屋面的宽度不应小于500mm；

2）檐沟和天沟防水层伸入瓦内的宽度不应小于150mm，并应与屋面防水层或防水垫层顺流水方向搭接；

3）檐沟防水层和附加层应由沟底翻上至外侧顶部，卷材收头应用金属压条钉压，并应用密封材料封严；涂膜收头应用防水涂料多遍涂刷；

4）烧结瓦、混凝土瓦伸入檐沟、天沟内的长度，宜为50～70mm。

（25）沥青瓦屋面檐沟和天沟的防水构造（见图4-77），应符合下列规定：

1）檐沟防水层下应增设附加层，附加层伸入屋面的宽度不应小于500mm；

2）檐沟防水层伸入瓦内的宽度不应小于150mm，并应与屋面防水层或防水垫层顺流水方向搭接；

3）檐沟防水层和附加层应由沟底翻上至外侧顶部，卷材收头应用金属压条钉压，并应用密封材料封严；涂膜收头应用防水涂料多遍涂刷；

4）沥青瓦伸入檐沟内的长度宜为10～20mm；

5）天沟采用搭接式或编织式铺设时，沥青瓦下应增设不小于100mm宽的附加层。

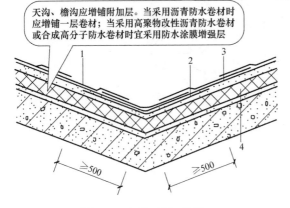

图4-77 沥青瓦屋面天沟
1—沥青瓦；2—附加层；3—防水层或防水垫层；4—保温层

（26）女儿墙的防水构造应符合下列规定（见图4-78、图4-79）：

1）女儿墙压顶可采用混凝土或金属制品。压顶向内排水坡度不应小于5%，压顶内侧下端应作滴水处理；

2）女儿墙泛水处的防水层下应增设附加层，附加层在平面和立面的宽度均不应小于250mm；

3）低女儿墙泛水处的防水层可直接铺贴或涂刷至压顶下，卷材收头应用金属压条钉压固定，并应用密封材料封严；涂膜收条应用防水涂料多遍涂刷；

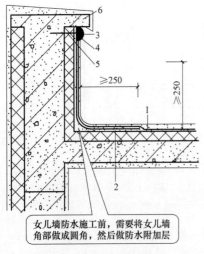

图4-78 低女儿墙
1—防水层；2—附加层；3—密封材料；
4—金属压条；5—水泥钉；6—压顶

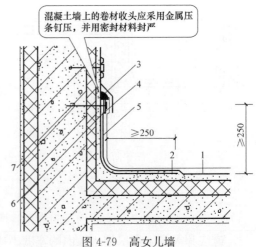

图4-79 高女儿墙
1—防水层；2—附加层；3—密封材料；4—金属盖板；
5—保护层；6—金属压条；7—水泥钉

4）高女儿墙泛水处的防水层泛水高度不应小于250mm，防水层收头应符合下列规定：泛水上部的墙体应作防水处理；

5）女儿墙泛水处的防护层表面，宜采用涂刷浅色涂料或浇筑细石混凝土保护。

（27）重力式排水的水落口防水构造应符合下列规定（见图4-80、图4-81）：

1）水落口可采用塑料或金属制品，水落口的金属配件均应作防锈处理；

2）水落口杯应牢固地固定在承重结构上，其埋设标高应根据附加层的厚度及排水坡度加大的尺寸确定；

3）水落口周围直径500mm范围内坡度不应小于5%，防水层下应增设涂膜附加层；

4）防水层和附加层伸入水落口杯内不应小于50mm，并应粘结牢固。

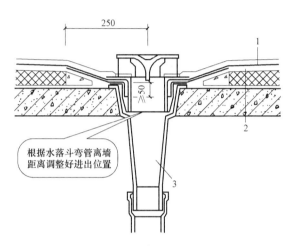

图4-80 直式水落口

1—防水层；2—附加层；3—水落斗

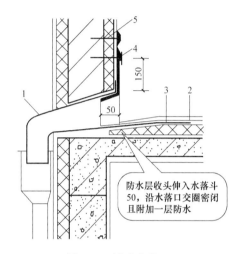

图4-81 横式水落口

1—水落斗；2—防水层；3—附加层；4—密封材料；5—水泥钉

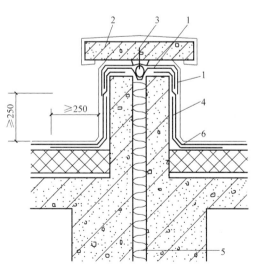

图4-82 等高变形缝

1—卷材封盖；2—混凝土盖板；3—衬垫材料；4—附加层；5—不燃保温材料；6—防水层

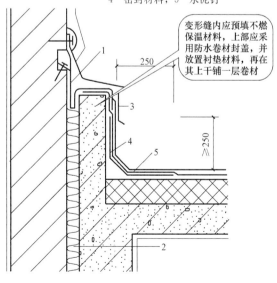

图4-83 高低跨变形缝

1—卷材封盖；2—不燃保温材料；3—金属盖板；4—附加层；5—防水层

(28) 变形缝防水构造应符合下列规定（见图4-82、图4-83）：

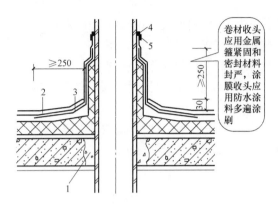

1）变形缝泛水处的防水层下应增设附加层，附加层在平面和立面的宽度不应小于250mm；防水层应铺贴或涂刷至泛水墙的顶部；

2）等高变形缝顶部宜加盖混凝土或金属盖板；

3）高低跨变形缝在立墙泛水处，应采用有足够变形能力的材料和构造作密封处理。

(29) 伸出屋面管道的防水构造应符合下列规定（见图4-84）：

1）管道周围的找平层应抹出高度不小于30mm的排水坡；

2）管道泛水处的防水层下应增设附加层，附加层在平面和立面的宽度均不应小于250mm；

3）管道泛水处的防水层泛水高度不应小于250mm。

图4-84 伸出屋面管道
1—细石混凝土；2—卷材防水层；3—附加层；
4—密封材料；5—金属箍

4.6.2 屋面工程施工

(1) 屋面工程施工必须符合下列安全规定：

1）严禁在雨天、雪天和五级风及其以上时施工；

2）屋面周边和预留孔洞部位，必须按临边、洞口防护规定设置安全护栏和安全网；

3）屋面坡度大于30%时，应采取防滑措施；

4）施工人员应穿防滑鞋，特殊情况下无可靠安全措施时，操作人员必须系好安全带并扣好保险钩。

(2) 找坡应按屋面排水方向和设计坡度要求进行，找坡层最薄处厚度不宜小于20mm。见图4-85。

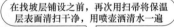

图4-85 屋面找坡层

(3) 找平层应在水泥初凝前压实抹平，水泥终凝前完成收水后应二次压光，并应及时取出分格条。养护时间不得少于7d。找坡层和找平层的施工环境温度不宜低于5℃。见图4-86。

(4) 屋面周边隔气层应沿墙面向上连续铺设，高出保温层上表面不得小于150mm。

(5) 采用卷材作隔气层时，卷材宜空铺，卷材搭接缝应满粘，其搭接宽度不应小于80mm；采用涂膜作隔气层时，涂料涂刷应均匀，涂层不得有堆积、起泡和露底现象。

(6) 泡沫混凝土应分层浇筑，一次浇筑厚度不宜超过200mm，终凝后应进行保湿养护，养护时间不得少于 7d。见图 4-87。

图 4-86 屋面找平层

图 4-87 屋面泡沫混凝土施工

（7）蓄水池的防水混凝土完工后，应及时进行养护，养护时间不得少于 14d；蓄水后不得断水。

（8）熔化热熔型改性沥青胶结料时，宜采用专用导热油炉加热，加热温度不应高于 200℃，使用温度不宜低于 180℃；粘贴卷材的热熔型改性沥青胶结料厚度宜为 1.0～1.5mm。

（9）硅酮结构密封胶应嵌填饱满，并应在温度 15～30℃、相对湿度 50% 以上、洁净的室内进行，不得在现场嵌填。

4.7 屋面工程质量验收规范

4.7.1 基本规定

（1）屋面工程所用的防水、保温材料应有产品合格证书和性能检测报告，材料的品种、规格、性能等必须符合国家现行产品标准和设计要求。产品质量应由经过省级以上建设行政主管部门对其资质认可和质量技术监督部门对其计量认证的质量检测单位进行检测。见图 4-88。

图 4-88 防水、保温材料

图 4-89 屋面找坡要求

（2）屋面防水工程完工后，应进行观感质量检查和雨后观察或淋水、蓄水试验，不得有渗漏和积水现象。

4.7.2 基层与保护工程

（1）屋面找坡应满足设计排水坡度要求，结构找坡不应小于3％，材料找坡宜为2％；檐沟、天沟纵向找坡不应小于1％，沟底水落差不得超过200mm。见图4-89。

（2）基层与保护工程各分项工程每个检验批的抽检数量，应按屋面面积每100m² 抽查1处，每处应为10m²，且不得少于3处。

（3）找平层分格缝纵横间距不宜大于6m，分格缝的宽度宜为5～20mm。见图4-90。

4.7.3 保温与隔热工程

（1）保温材料的导热系数、表观密度或干密度、抗压强度或压缩强度、燃烧性能，必须符合设计要求。见图4-91。

图4-90 找平层分格缝　　　　　　　　图4-91 保温材料要求

（2）保温与隔热工程各分项工程每个检验批的抽检数量，应按屋面面积每100m² 抽查1处，每处应为10m²，且不得少于3处。

（3）种植隔热层的屋面坡度大于20％时，其排水层、种植土层应采取防滑措施。见图4-92。

图4-92 种植屋面坡度要求　　　　　　图4-93 斜屋面防水施工

(4）架空隔热层的高度应按屋面宽度或坡度大小确定。设计无要求时，架空隔热层的高度宜为 180mm～300mm。

(5）防水混凝土表面的裂缝宽度不应大于 0.2mm，并不得贯通。

4.7.4 防水与密封工程

(1）防水与密封工程各分项工程每个检验批的抽检数量，防水层应按屋面面积每 100m^2 抽查 1 处，每处应为 10m^2，且不得少于 3 处；接缝密封防水应按每 50m 抽查 1 处，每处应为 5m，且不得少于 3 处。

(2）屋面坡度大于 25% 时，卷材应采取满粘和钉压固定措施。见图 4-93。

5 与装修施工有关的规范

5.1 建筑工程施工质量验收统一标准

5.1.1 建筑工程施工质量应符合的规定

(1) 建筑工程采用的主要材料、半成品、成品、建筑构配件、器具和设备应进行现场检验。如图 5-1 所示。

凡涉及安全、节能、环境保护和主要使用功能的重要材料、产品，应按各专业工程施工规范、验收规范和设计文件等规定进行复验，并应经监理工程师检查认可。如图 5-2 所示。

图 5-1 建筑材料地板砖

图 5-2 墙面质量检查（一）

图 5-3 墙面质量检查（二）

(2) 各施工工序应按施工技术标准进行质量控制，每道施工工序完成后，经施工单位自检符合规定后，才能进行下道工序施工。各专业工种之间的相关工序应进行交接检验，并应记录。

(3) 对于监理单位提出检查要求的重要工序，应经监理工程师检查认可，才能进行下道工序施工。

说明：监理工程师只可能对重要工序的质量检查确认，不会也不可能对全部工序进行检查,这样在实际的工作中才具有可操作性。如图5-3所示。

5.1.2 抽样验收

符合下列条件之一时,可按相关专业验收规范的规定适当调整抽样复验、试验数量,调整后的抽样复验、试验方案应由施工单位编制,并报监理单位审核确认。

图5-4 钢筋质量检查

(1)同一项目中由相同施工单位施工的多个单位工程,使用同一生产厂家的同品种、同规格、同批次的材料、构配件、设备。如图5-4所示。

(2)同一施工单位在现场加工的成品、半成品、构配件用于同一项目中的多个单位工程。如图5-5所示。

说明:仅针对施工现场加工的成品、半成品、构配件,不针对施工安装后形成的结构部分。

(3)在同一项目中,针对同一抽查对象已有检验结果可以重复利用。

说明:当符合规定的条件时,适当调整或减少抽样复验、试验的数量,可以降低检验的成本,也可以节约时间。

5.1.3 专项验收

当专业验收规范对工程中的验收项目未做出相应规定时,应由建设单位组织监理、设计、施工等相关单位制定专项验收要求。涉及安全、节能、环保等项目的专项验收如图5-6所示。

图5-5 墙面构配件施工质量检查

图5-6 专项验收工作会

5.1.4 检验批抽取

检验拟应满足分布均匀、具有代表性的要求,采用随机抽取方式抽取样本。抽样数量不应低于有关专业验收规范的要求。如表5-1所示。

说明：其目的是要保证验收具有一定的抽样量。并符合统计学原理，使抽样更具有代表性。

检验批最小抽样数量　　　　　　　　　　　　　　　　　表 5-1

检验批的容量	最小抽样数量	检验批的容量	最小抽样数量
2～15	2	151～280	13
16～25	3	281～500	20
26～50	5	501～1200	32
51～90	6	1201～3200	50
91～150	8	3201～10000	80

明显不合格的个体可不纳入检验批，但必须进行处理，使其满足有关专业验收规范的规定，对处理情况应予以记录并重新验收。如图 5-7 所示。

5.1.5　建筑工程质量验收的划分

（1）建筑工程质量验收应划分为：单位工程、分部工程、分项工程和检验批。

单位工程划分：具备独立施工条件并能形成独立使用功能的建筑物或构筑物为一个单位工程；建筑规模较大的单位工程，可将其能形成独立使用功能的部分划分为一个子单位工程。如图 5-8 所示。

分部工程划分：分部工程可按专业性质、工程部位确定；当分部工程较大或较复杂时，可按材料种类、施工特点等再划分为若干子分部工程。

分项工程可按主要工种、材料、施工工艺、设备类别进行划分。

检验批可根据工程量、楼层、施工段等进行划分。

图 5-7　现场检验批验收

图 5-8　建筑物

（2）建筑工程质量验收程序

检验批应由专业监理工程师组织施工单位项目专业质量检查员、专业工长等进行验收。如图 5-9 所示。

分项工程应由专业监理工程师组织施工单位项目专业技术负责人等进行验收。如图 5-10 所示。

5 与装修施工有关的规范

图 5-9 检验批现场验收

图 5-10 分项工程现场验收

分部工程应由总监理工程师组织施工单位项目负责人和项目技术负责人等进行验收。如图 5-11 所示。

勘察、设计单位项目负责人和施工单位技术、质量部门负责人应参加地基与基础分部工程的验收。设计单位项目负责人和施工单位技术、质量部门负责人应参加主体结构、节能分部工程的验收。

单位工程中的分包工程完工后，分包单位应对所承包的工程项目进行自检，并应按"统一标准"规定的程序进行验收。验收时，总包单位应派人参加。分包单位应将所分包工程的质量控制资料整理完整后，移交给总包单位。如图 5-12、图 5-13 所示。

图 5-11 分部工程现场验收

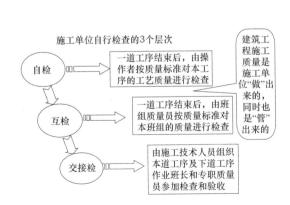

图 5-12 施工单位自行查验的 3 个层次

图 5-13 施工单位自检

单位工程自检和预验收如图 5-13，当存在施工质量问题时，应由施工单位及时整改。整改完毕后，由施工单位向建设单位提交工程竣工报告，申请工程竣工验收。单位工程验收如图 5-14 和图 5-15 所示。

> 建设单位收到工程竣工报告后，应由建设单位项目负责人组织监理、施工、设计、勘察等单位项目负责人进行单位工程验收

图 5-14　二期工程验收会

图 5-15　竣工验收会

5.2　民用建筑工程室内环境污染控制规范

5.2.1　分类

Ⅰ类民用建筑工程：住宅、医院、老年建筑、幼儿园、学校教室等民用建筑工程。如图 5-16。

Ⅱ类民用建筑工程：办公楼、商店、旅馆、文化娱乐场所、书店、图书馆、展览馆、体育馆、公共交通等候室、餐厅、理发店等民用建筑工程。如图 5-17 所示。

图 5-16　医院

图 5-17　体育馆

5.2.2　材料

人造木板及饰面人造木板，如图 5-18 所示。

5.2.3 涂料

民用建筑工程室内用水性涂料和水性腻子，应测定总挥发性有机化合（VOCs）和游离甲醛的含量。溶剂型涂料见图5-19所示。

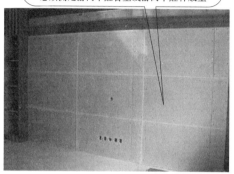

民用建筑工程室内用人造木板及饰面人造木板，必须测定游离甲醛含量或游离甲醛释放量

图 5-18 电视背景墙 1

民用建筑工程室内用溶剂型涂料和木器用溶剂型腻子，应按其规定的最大稀释比例混合后，测定VOCs和苯、甲苯+二甲苯+乙苯的含量

图 5-19 电视背景墙 2

室内用溶剂型涂料中挥发性有机化合物（VOCs）和苯的限量应符合表5-2的要求。

VOCs 和苯的限量 表 5-2

涂料名称	VOCs(g/L)	苯(g/kg)	涂料名称	VOCs(g/L)	苯(g/kg)
醇酸漆	≤550	≤5	酚醛磁漆	≤380	≤5
硝基清漆	≤750	≤5	酚醛防锈漆	≤270	≤5
聚氨酯漆	≤700	≤5	其他溶剂型涂料	≤600	≤5
酚醛清漆	≤500	≤5			

聚氨酯漆测定固化剂中游离甲苯二异氰酸酯（TDI）的含量后，应按其规定的最小稀释比例计算出聚氨酯漆中游离甲苯二异氰酸酯（TDI）的含量，且不应大于7g/kg。测定方法应符合现行国家标准《色漆和清漆用漆基 异氰酸酯树脂中二异氰酸酯单体的测定》GB/T 18446—2009 的规定。

5.2.4 胶粘剂

民用建筑工程室内用水性胶粘剂，应测定挥发性有机化合物（VOCs）和游离甲醛的含量。如图5-20所示。

聚氨酯胶粘剂应测定游离甲苯二异氰酸酯（TDI）的含量，并不应大于10g/kg，测定方法可按现行国家标准《色漆和清漆

民用建筑工程室内用溶剂型胶粘剂，应测定其挥发性有机化合物（VOCs）和苯、甲苯+二甲苯的含量

图 5-20 胶粘剂

用漆基　异氰酸酯树脂中二异氰酸酯单体的测定》GB/T 18446—2009 进行。

水性胶粘剂中挥发性有机化合物（VOCs）、游离甲醛含量的测定，宜按现行国家标准《室内装饰装修材料　内墙涂料中有害物质限量》GB 18582—2008 附录 A、附录 B 的方法进行。

溶剂型胶粘剂中挥发性有机化合物（VOCs）、苯含量的测定方法，应符合本规范附录 C 的规定。

5.2.5　水性处理剂

民用建筑工程室内用水性阻燃剂（包括防火涂料）、防水剂、防腐剂等水性处理剂，应测定挥发性有机化合物（VOCs）和游离甲醛的含量，其限量应符合下列规定：VOCs（g/L）≤200；游离甲醛（g/kg）≤0.5。

5.2.6　材料选择

Ⅰ类民用建筑工程室内装修采用的无机非金属装修材料必须采用 A 类。如图 5-21 所示。

民用建筑工程室内装修中所使用的木地板及其他木质材料，严禁采用沥青、煤焦油类防腐、防潮处理剂。

民用建筑工程中所使用的能释放氨的阻燃剂、混凝土外加剂氨的释放量不应大于 0.10%，测定方法应符合现行国家标准《混凝土外加剂中释放氨的限量》GB 18588—2001 的规定。见图 5-22。

图 5-21　客厅

图 5-22　阻燃剂、混凝土外加剂

能释放甲醛的混凝土外加剂，其游离甲醛含量不应大于 0.5g/kg，测定方法应符合现行国家标准《室内装饰装修材料　内墙涂料中有害物质限量》GB 18582—2008 附录 B 的规定。

5.2.7　验收

民用建筑工程及其室内装修工程的室内环境质量验收，应在工程完工至少 7d 以后、工程交付使用前进行。

当建筑材料和装修材料进场检验,发现不符合设计要求及规范的有关规定时,严禁使用。如图5-23所示。

民用建筑工程及其室内装修工程验收时,应检查下列资料:

(1) 工程地质勘察报告,工程地点土壤中氡浓度检测报告,工程地点土壤中天然放射性核素镭-226、钍-232、钾-40含量检测报告。

图5-23 餐厅

(2) 涉及室内环境污染控制的施工图设计文件及工程设计变更文件。

(3) 建筑材料和装修材料的污染物含量检测报告、材料进场检验记录、复验报告。民用建筑工程室内环境污染物浓度限量见表5-3。

民用建筑工程室内环境污染物浓度限量 表5-3

污染物	Ⅰ类民用建筑工程	Ⅱ类民用建筑工程
氡(Bq/m^2)	≤200	≤400
甲醛(mg/m^3)	≤0.08	≤0.1
苯(mg/m^3)	≤0.09	≤0.09
氨(mg/m^3)	≤0.2	≤0.2
VOCs(mg/m^3)	≤0.5	≤0.6

(4) 与室内环境污染控制有关的隐蔽工程验收记录、施工记录。

(5) 样板间室内环境污染物浓度检测记录(不做样板间的除外)。

民用建筑工程中所采用的无机非金属建筑材料和装修材料必须有放射性指标检测报告,并应符合设计要求和规范的有关规定。如图5-24所示。

民用建筑工程室内装修中所采用的人造木板及饰面人造木板,必须有游离甲醛含量或游离甲醛释放量检测报告,并应符合设计要求和规范的有关规定。如图5-25所示。

民用建筑工程室内饰面采用的天然花岗岩石材或瓷质砖使用面积大于200m²时,应对不同产品、不同批次材料分别进行放射性指标的抽查复验

图5-24 大堂大理石地面

民用建筑工程室内装修中采用的某一种人造木板或饰面人造木板面积大于500m²时,应对不同产品、不同批次材料的游离甲醛含量或游离甲醛释放量分别进行抽查复验

图5-25 客厅

民用建筑工程室内装修中所采用的水性涂料、水性胶粘剂、水性处理剂必须有同批次产品的挥发性有机化合物（VOCs）和游离甲醛含量检测报告。如图 5-26 所示。

建筑材料和装修材料的检测项目不全或对检测结果有疑问时，必须将材料送有资格的检测机构进行检验，检验合格后方可使用。如图 5-27 所示。

图 5-26　立邦涂料　　　　　　　　　图 5-27　油漆、涂料

5.3　金属与石材幕墙工程技术规范

5.3.1　一般规定

幕墙的面板、支承结构和连接件应采用不燃材料，幕墙的保温材料和密封材料的燃烧性能应符合现行国家标准《建筑设计防火规范》GB 50016—2014 的有关要求。与石材接触的粘结、密封材料不应对石材产生污染，并应提供符合要求的耐污染性试验报告。如图 5-28 所示。

图 5-28　幕墙的面板

5.3.2　花岗石板材的弯曲强度检测

花岗石板材的弯曲强度应经法定检验机构检测确定，其弯曲强度不应小于 8.0MPa。为满足强度计算的要求，火烧石板的厚度应比抛光石板厚 3mm。如图 5-29 所示。

图 5-29　幕墙

5.3.3　幕墙用单层铝板厚度要求

幕墙用单层铝板厚度不应小于 2.5mm，如图 5-30 所示。

铝板幕墙施工前应按设计要求准确提供所需材料的规格及各种配件的数量，以便加工。

施工前，对照铝板幕墙的骨架设计，复检主体结构的质量。因为主体结构质量的好坏，对幕墙骨架的排列位置影响较大。特别是墙面垂直度、平整度的偏差，将会影响整个幕墙的水平位置。详细核查施工图纸和现场实测尺寸，以确保设计加工的完善。

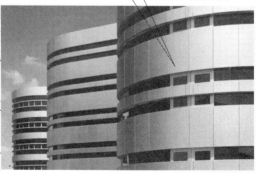

图 5-30　铝板幕墙

5.3.4　结构密封胶的保质期与检测报告

同一幕墙工程应采用同一品牌的单组分或双组分的硅酮结构密封胶，并应有保质年限的质量证书。用于石材幕墙的硅酮结构密封胶还应有证明无污染的试验报告。如图 5-31 所示。

5.3.5　对挠度的规定

幕墙构件的立柱与横梁在风荷载标准值作用下，钢型材的相对挠度不应大于 $l/300$（l

为立柱或横梁两支点间的跨度），绝对挠度不应大于 15mm；铝合金型材的相对挠度不应大于 $l/180$，绝对挠度不应大于 20mm。如图 5-32 所示。

图 5-31　幕墙　　　　　　　　　　图 5-32　玻璃幕墙

5.3.6　防火层的密封材料

防火层的密封材料应采用防火密封胶；防火密封胶应有法定检测机构的防火检验报告。如图 5-33 所示。

图 5-33　燃烧中的楼宇

5.3.7 钢型材截面要求

钢型材截面主要受力部分最小壁厚取为 3.5mm。如图 5-34 所示。

5.3.8 打胶

用硅酮结构密封胶粘结固定构件时，注胶应在 15℃以上 30℃以下、相对湿度 50％以上，且洁净、通风的室内进行，胶的宽度、厚度应符合设计要求。如图 5-35 所示。

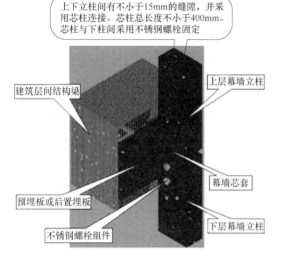

图 5-34 钢型材预埋截面

图 5-35 固定构件

5.4 建筑地面工程施工质量验收规范

5.4.1 材料或产品进场时的规定

材料或产品进场时应符合下列条件：建筑地面工程采用的材料或产品应符合设计要求和国家现行有关标准的规定；无国家现行标准的，应具有省级住房和城乡建设行政主管部门的技术认可文件。不应具有如图 5-36 所示规定（以上均为强制性条文）。

为配合推动建筑新材料、新技术的发展，规定暂时没有国家现行标准的建筑地面材料或产品也可以进场使用，但必须持有建筑地面所在地的省级住房和城乡建设行政主管部门的技术认可文件。如图 5-37 所示。

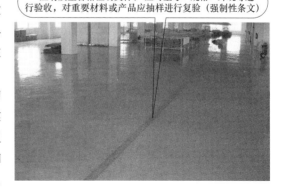

图 5-36 地坪漆地面

厕浴间和有防滑要求的建筑地面应符合设计防滑要求。如图 5-38 所示。

图 5-37　园区地面　　　　　　图 5-38　厨房

5.4.2　排水系统设计相关规定

水泥混凝土散水、明沟应设置伸、缩缝，其延米间距不得大于 10m，对日晒强烈且昼夜温差超过 15 ℃ 的地区，其延长米间距宜为 4～6m。如图 5-39 所示。

厕浴间、厨房和有排水（或其他液体）要求的建筑地面面层与相连接各类面层的标高差应符合设计要求（强制性条文）。如图 5-40 所示。

图 5-39　室外散水　　　　　　图 5-40　厕浴间

检查防水隔离层应采用蓄水方法，蓄水深度最浅处不得小于 10mm，蓄水时间不得少于 24h；检查有防水要求的建筑地面的面层应采用泼水方法。如图 5-41 所示。

5.4.3 空鼓检查

检查空鼓应采用敲击的方法。如图 5-42 所示。

图 5-41 蓄水试验

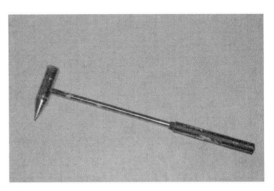

图 5-42 敲击锤

5.4.4 伸缩缝的设计

室内地面的水泥混凝土垫层和陶粒混凝土垫层，应设置纵向缩缝和横向缩缝；纵向缩缝、横向缩缝的间距均不得大于 6m。如图 5-43 所示。

5.4.5 找平层

找平层采用水泥砂浆或水泥混凝土铺设。当找平层厚度小于 30mm 时，宜用水泥砂浆做找平层；当找平层厚度等于或大于 30mm 时，宜用细石混凝土做找平层。如图 5-44 所示。

水泥混凝土垫层的厚度不应小于60mm；
陶粒混凝土垫层的厚度不应小于80mm

图 5-43 水泥混凝土垫层

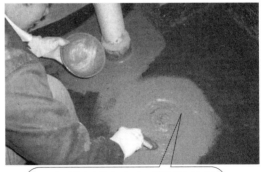

有防水要求的建筑地面工程，铺设前必须对立管、套管和地漏与楼板节点之间进行密封处理，并应进行隐蔽验收；排水坡度应符合设计要求

图 5-44 地面关键部位做防水处理

5.4.6 混凝土强度等级要求

厕浴间和有防水要求的建筑地面必须设置防水隔离层。楼层结构必须采用现浇混凝土或整块预制混凝土板，混凝土强度等级不应低于 C20。如图 5-45 所示。

5.4.7 常用的板块面层铺设材料

常用的铺设材料有：水泥混凝土板块、水磨石板块、人造石板块、陶瓷锦砖、陶瓷地砖、缸砖、水泥花砖、料石、大理石。如图5-46所示。

图 5-45　厕浴间　　　　　　　　　　　图 5-46　地板砖地面

5.4.8 楼梯踏步宽度、高度要求

楼梯、台阶踏步的宽度、高度应符合设计要求。踏步板块的缝隙宽度应一致；楼层梯段相邻踏步高度差不应大于10mm，每踏步两端宽度差不应大于10mm。如图5-47所示。

5.4.9 木地板铺设

铺设实木地板、实木集成地板、竹地板面层时，其木搁栅的截面尺寸、间距和稳固方法等均应符合设计要求。木搁栅固定时，不得损坏基层和预埋管线。木搁栅应垫实钉牢，与

图 5-47　旋转楼梯　　　　　　　　　　图 5-48　木地板地面

柱、墙之间留出 20mm 的缝隙，表面应平直，其间距不宜大于 300mm。如图 5-48 所示。

5.5 建筑工程饰面砖粘结强度检验标准

5.5.1 带饰面砖预制墙板

（1）带饰面砖的预制墙板生产厂应提供含饰面砖粘结强度检测结果的型式检验报告。如图 5-49 所示。

（2）带饰面砖的预制墙板检测强度应符合图 5-50 的要求。

图 5-49 带饰面砖预测墙板

每组试样平均粘结强度不应小于0.6MPa；每组可有一个试样的粘结强度小于0.6MPa，但不应小于0.4MPa

复验应以每1000m²同类带饰面砖的预制墙板为一个检验批，不足1000m²应按1000m²计，每批应取一组，每组应为3块板，每块板应制取1个试样对饰面砖粘结强度进行检验

图 5-50 饰面砖

5.5.2 现场粘贴饰面砖

（1）检验、取样

现场粘贴的饰面砖粘结强度检验应以每 1000m² 同类墙体饰面砖为一个检验批，不足 1000m² 应按 1000m² 计，每批应取一组（3个）试样，每相邻的三个楼层应至少取一组试样，试样应随机抽取，取样间距不得小于 500mm。如图 5-51 所示。

（2）同类饰面砖的检测强度

现场粘贴的同类饰面砖，当一组试样均符合下列两项指标要求时，其粘结强度应定为合格；当一组试样均不符合下列两项指标要求时，其粘结强度应定为不合格；当一组试样只符合下列两项指标的一项要求时，应在该组试样原取样区域内重新抽取两组试样检验，若检验结果仍有一项不符合要求时，则该组饰面砖粘结强度应定为不合格：（1）每组试样平均粘结强度不应小于 0.4MPa；（2）每组可有一个试样的粘结强度小于 0.4MPa，但不应小于 0.3MPa。如图 5-52 所示。

图 5-51　现场粘贴外墙砖　　　　　　　图 5-52　饰面砖

5.6　建筑节能工程施工质量验收规范

5.6.1　节能设计变更的要求

设计变更不得降低建筑节能效果。当设计变更涉及建筑节能效果时，该项变更应经原施工图设计审查机构审查，在实施前应办理设计变更手续，并获得监理或建设单位的确认。如图 5-53 所示。

5.6.2　节能建筑施工

节能建筑须按照经审核批准的相关文件进行施工（强制性条文）这是对节能工程施工的基本要求。设计文件和施工技术方案，是节能工程施工也是所有工程施工均应遵循的基本要求。设计文件应当经过设计审查机构的审查；施工技术方案则应通过建设或监理单位的审查。如图 5-54 所示。

5.6.3　墙体节能工程

检验批的划分也可根据与施工流程相一致且方便施工与验收的原则，由施工单位与监理（建设）单位共同商定。如图5-55所示。

图 5-53　节能建筑卡通图

墙体节能工程使用的保温隔热材料，其导热系数、密度、抗压强度或压缩强度、燃烧性能应符合设计要求。检验方法：核查质量证明文件及进场复验报告。如图 5-56 所示。

图 5-54 节能建筑

图 5-55 墙体外立面

墙体节能工程采用的保温材料和粘结材料等,进场时应对其下列性能进行复验,复验应为见证取样送检:(1)保温材料的导热系数、材料密度、抗压强度或压缩强度;(2)粘结材料的粘结强度;(3)增强网的力学性能、抗腐蚀性能。如图5-57所示。

图 5-56 外墙保温

图 5-57 外立面

当墙体节能工程的保温层采用预埋或后置锚固件固定时,锚固件数量、位置、锚固深度和拉拔力应符合设计要求。后置锚固件应进行锚固力现场拉拔试验,试验结果应符合要求。如图5-58所示。

检验方法:保温材料厚度采用钢针插入或剖开尺量检查;粘结强度和锚固力核查试验报告;核查隐蔽工程验收记录。每个检验批抽查不少于3处。如图5-59所示。

193

图 5-58 外墙保温材料粘贴

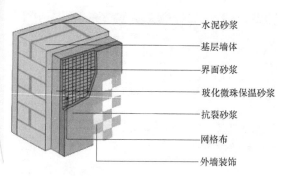
图 5-59 保温结构示意图

5.6.4 幕墙节能工程

幕墙节能工程使用的保温隔热材料，其导热系数、密度、燃烧性能应符合设计要求。幕墙玻璃的传热系数、遮阳系数、可见光透射比、中空玻璃露点应符合设计要求。如图 5-60 所示。

幕墙节能工程使用的材料、构件等进场时，应对其性能（见图 5-61）进行复验，复验应为见证取样送检。

图 5-60 玻璃幕墙

图 5-61 玻璃幕墙

幕墙节能工程使用的保温材料，其厚度应符合设计要求，安装应牢固，不得松脱。如图 5-62 所示。

5.6.5 建筑外门窗工程

建筑外门窗工程施工中，应对门窗框与墙体接缝处的保温填充做法进行隐蔽工程验收，并应有隐蔽工程验收记录和必要的图像资料。如图 5-63 所示。

同一厂家的同一品种、类型、规格的门窗及门窗玻璃每 100 樘划分为一个检验批，不

图 5-62　幕墙

图 5-63　门窗密封处

足 100 樘也为一个检验批。同一厂家的同一品种、类型和规格的特种门每 50 樘划分为一个检验批，不足 50 樘也为一个检验批。如图 5-64 所示。

建筑门窗每个检验批应抽查 5%，并不少于 3 樘，不足 3 樘时应全数检查；高层建筑的外窗，每个检验批应抽查 10%，并不少于 6 樘，不足 6 樘时应全数检查。如图 5-65 所示。

图 5-64　外立面窗户

图 5-65　建筑门窗

建筑外窗的气密性、保温性能、中空玻璃露点、玻璃遮阳系数和可见光透射比应符合设计要求。如图 5-66 所示。

5.6.6　屋面工程

用于屋面节能工程的保温隔热材料，其导热系数、密度、抗压强度或压缩强度、燃烧性能必须符合设计要求和强制性标准的规定。如图 5-67 所示。

图 5-66 建筑外窗　　　　　　图 5-67 屋面保温施工

屋面保温隔热工程采用的保温材料，进场时应对其导热系数、密度、抗压强度或压缩强度、燃烧性能进行复验，复验应为见证取样送检。如图 5-68 所示。

5.6.7 地面节能工程

地面节能工程应对图 5-69 所示部位进行隐蔽工程验收，并应有详细的文字记录和必要的图像资料。

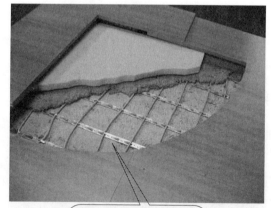

图 5-68 屋面保温　　　　　　图 5-69 保温层内部结构

地面节能分项工程检验批划分应符合下列规定：检验批可按施工段或变形缝划分；每一楼层或按照每层的施工段或变形缝可划分为一个检验批，高层建筑的标准层每三层作为一个检验批（与地面验收规范一致）。如图 5-70 所示。

5.6.8 外墙节能结构的实体检测

建筑围护结构施工完成后，应对围护结构的外墙节能构造和严寒、寒冷、夏热冬冷地区的外窗气密性进行现场实体检测。如图 5-71 所示。

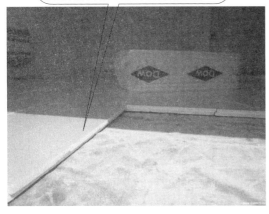

图 5-70 地面施工

图 5-71 墙体检测

外墙取样数量为一个单位工程每种节能保温做法至少取 3 个芯样。取样部位宜均匀分布，不宜在同一个房间外墙上取 2 个或 2 个以上芯样。如图 5-72 所示。

5.6.9 建筑节能分部工程的质量验收

建筑节能分部工程的质量验收，应在检验批、分项工程全部验收合格的基础上，进行外墙节能构造实体检验、严寒和寒冷地区的外窗气密性现场检测以及系统节能性能检测和系统联合试运转与调试，确认建筑节能工程质量达到设计要求。如图 5-73 所示。

图 5-72 外墙施工作业

图 5-73 对外墙节能构造进行检测

建筑节能分部工程质量验收合格，应符合下列规定：（1）分项工程应全部合格；（2）质量控制资料应完整；（3）外墙节能构造现场实体检验结果应符合设计要求；（4）严寒、寒冷和夏热冬冷地区的外窗气密性现场实体检测结果应合格；（5）建筑设备工程系统节能性能检测结果应合格。如图 5-74 所示。

图 5-74　节能建筑验收会

5.7　建筑涂饰工程施工及验收规程

5.7.1　基层质量及验收要求

室外涂饰工程每一栋楼的同类涂料涂饰的墙面每 1000m² 划分为一个检验批，不足 1000m² 也为一个检验批。如图 5-75 所示。

室内涂饰工程同类涂饰涂料的墙面每 50 间划分为一个检验批，不足 50 间也为一个检验批。如图 5-76 所示。

图 5-75　外墙粉刷涂料

图 5-76　室内顶面涂料粉刷

基层应表面平整，立面垂直，阴阳角垂直，方正、无缺棱掉角，分格缝深浅一致且横平竖直。基层应清洁，表面无灰尘、无浮浆、无油迹、无锈斑、无霉点、无盐类折出物和无青苔等杂物。抹灰质量的允许偏差见表 5-4。

抹灰质量的允许偏差（mm）　　　　　表 5-4

平整内容	普通级	中级	高级
表面平整	—	≤4	≤4
阴阳角垂直	≤5	≤4	≤4
阴阳角方正	—	≤4	≤4
立面垂直	—	≤5	≤5
分格缝深浅一致且横平竖直	—	≤3	≤3

5.7.2 材料

本规程适用的涂饰材料系指合成树脂乳液内墙涂料、合成树脂乳液外墙涂料、合成树脂乳液砂壁状建筑涂料、溶剂型外墙涂料、复层建筑涂料、外墙无机建筑涂料。

合成树脂乳液内墙涂料的主要技术指标应符合现行国家标准《合成树脂乳液内墙涂料》GB/T 9756—2009 的规定和《室内装饰装修材料　内墙涂料中有害物质限量》GB 18582—2008 以及《民用建筑工程室内环境污染控制规范》GB 50325—2010（2013 版）的环保要求。

5.7.3 施工

涂饰工程应按"底涂层、中间涂层、面涂层"的要求进行施工，后一遍涂饰材料的施工必须在前一遍涂饰材料表面干燥后进行；涂饰溶剂型涂料时，后一遍涂料必须在前一遍涂料实干后进行。每一遍涂饰材料应涂饰均匀，各层涂饰材料必须结合牢固，对有特殊要求的工程可增加面涂层次数。

采用传统的施工辊筒和毛刷进行涂饰时，每次蘸料后宜在匀料板上来回滚匀或在桶边舔料。涂饰时涂膜不应过厚或过薄，应充分盖底，不透虚影，表面均匀。采用喷涂时应控制涂料和喷枪的压力，保持涂层厚薄均匀，不露底、不流坠、色泽均匀，确保涂层的厚度。

旧墙面需重新复涂涂饰材料时，应视不同基层进行不同处理。旧涂层墙面应清除粉化的涂层，并铲除疏松起壳部分；用钢丝刷除去残留的涂膜后，将墙面清洗干

图 5-77　墙面粉刷

净再作修补，并应待干燥后按选定的涂饰材料施工工序施工。如图 5-77 所示。

5.8 建筑装饰装修工程质量验收规范

5.8.1 设计

建筑装饰装修工程设计必须保证建筑物的结构安全和主要使用功能，当涉及主体和承重结构改动或增加荷载时必须由原结构设计单位或具备相应资质的设计单位核查有关原始

资料对既有建筑结构的安全性进行核验确认。如图 5-78 所示。

5.8.2 材料

建筑装饰装修工程所用材料应符合国家有关建筑装饰装修材料有害物质限量标准的规定。如图 5-79 所示。

图 5-78　室内装饰工程施工

图 5-79　建筑装饰装修施工现场 1

5.8.3 施工

建筑装饰装修工程施工中严禁违反设计文件擅自改动建筑主体、承重结构或主要使用功能；严禁未经设计确认和有关部门批准擅自拆改水、暖、电、燃气、通信等配套设施。如图 5-80 所示。

室内外装饰装修工程施工的环境条件应满足施工工艺的要求，施工环境温度不应低于 5℃，当必须在低于 5℃气温下施工时应采取保证工程质量的有效措施。如图 5-81 所示。

图 5-80　建筑装饰装修施工现场 2

图 5-81　施工现场成品保护

5.8.4 抹灰工程

抹灰总厚度大于或等于35mm时,不同材料基体交接处应有加强措施。如图5-82所示。

室内墙面、柱面和门洞口的阳角做法应符合设计要求；设计无要求时应采用1:2水泥砂浆做暗护角,其高度不应低于2m,每侧宽度不应小于50mm,抹灰用的石灰膏的熟化期不应少于15d,罩面用的磨细石灰粉的熟化期不应少于3d（可根据防撞部位分段安装）。

一般抹灰所用材料的品种和性能应符合设计要求,水泥的凝结时间和安定性复验应合格。如图5-83所示。

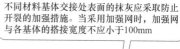
不同材料基体交接处表面的抹灰应采取防止开裂的加强措施。当采用加强网时,加强网与各基体的搭接宽度不应小于100mm

图5-82 墙面抹灰1

图5-83 墙面抹灰2

有排水要求的部位应做滴水线（槽）,滴水线（槽）应整齐顺直。滴水线应内高外低,滴水槽的宽度和深度均不应小于10mm。如图5-84所示。

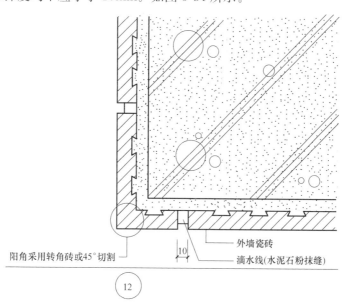

图5-84 滴水线大样图

一般抹灰的允许偏差和检验方法如表 5-5 所示。

一般抹灰的允许偏差和检验方法 表 5-5

项次	项目	允许偏差(mm)		检 验 方 法
		普通抹灰	高级抹灰	
1	立面垂直度	4	3	用 2m 垂直检测尺检查
2	表面平整度	4	3	用 2m 靠尺和塞尺检查
3	阴阳角方正	4	3	用直角检测尺检查
4	分格条(缝)直线度	4	3	用 5m 线,不足 5m 拉通线,用钢直尺检查
5	墙裙、勒脚上口直线度	4	3	用 5m 线,不足 5m 拉通线,用钢直尺检查

5.8.5 门窗工程

门窗工程应对下列材料及其性能指标进行复验：(1) 人造木板的甲醛含量；(2) 建筑外墙金属窗和塑料窗的抗风压性能、空气渗透性能和雨水渗漏性能。

门窗工程应对下列隐蔽工程项目进行验收：(1) 预埋件和锚固件；(2) 隐蔽部位的防腐填嵌处理。如图 5-85 所示。

木门窗与砖石砌体混凝土或抹灰层接触处应进行防腐处理并应设置防潮层,埋入砌体或混凝土中的木砖应进行防腐处理。如图 5-86 所示。

图 5-85　门窗工程

图 5-86　窗户安装

建筑外门窗的安装必须牢固,在砌体上安装门窗严禁用射钉固定。如图 5-87 所示。

木门窗制作与安装工程的质量验收。应符合下列规定：

木门窗的木材品种、材质等级、规格、尺寸、框扇的线型及人造木板的甲醛含量应符合设计要求。设计未规定材质等级时,所用木材的质量应符合本规范附录 A 的规定。

检验方法：观察；检查材料进场验收记录和复验报告。

木门窗的防火、防腐、防虫处理应符合设计要求。

检验方法：观察；检查材料进场验收记录。

木门窗的结合处和安装配件处不得有木节或已填补的木节。木门窗如有允许限值以内的死节及直径较大的虫眼时,应用同一材质的木塞加胶填补。对于清漆制品,木塞的木纹和色泽应与制品一致。

检验方法:观察。

门窗框和厚度大于50mm的门窗扇应用双榫连接。榫槽应采用胶料严密嵌合,并应用胶楔加紧。

检验方法:观察;手扳检查。

胶合板门、纤维板门和模压门不得脱胶。胶合板不得刨透,表层单板不得有榨。制作胶合板门、纤维板门时,边框和横楞应在同一平面上,面层、边框及横楞应加压胶结。横楞和上、下冒头应各钻两个以上的透气孔,透气孔应通畅。

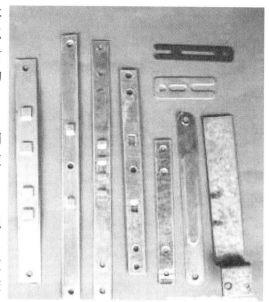

图 5-87　安装件

检验方法:观察。

木门窗的品种、类型、规格、开启方向、安装位置及连接方式应符合设计要求。

检验方法:观察;尺量检查;检查成品门的产品合格证书。

木门窗框的安装必须牢固。预埋木砖的防腐处理及木门窗框固定点的数量、位置和固定方法应符合设计要求。

检验方法:观察;手扳检查;检查隐蔽工程验收记录和施工记录。

木门窗扇必须安装牢固,并应开关灵活,关闭严密,无倒翘。

检验方法:观察;开启和关闭检查;手扳检查。

木门窗配件的型号、规格、数量应符合设计要求,安装应牢固,位置应正确,功能应满足使用要求。

图 5-88　木门窗

图 5-89　窗户安装

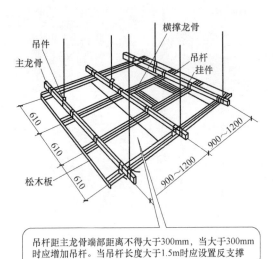

图 5-90 吊顶安装尺寸示意图

检验方法：观察；开启和关闭检查；手扳检查。如图 5-88 所示。

塑料门窗框副框和扇的安装必须牢固，固定片或膨胀螺栓的数量与位置应正确，连接方式应符合设计要求。如图 5-89 所示。

5.8.6 吊顶工程

同一品种的吊顶工程每 50 间（大面积房间和走廊按吊顶面积 30m² 为一间）应划分为一个检验批，不足 50 间也应为一个检验批。如图 5-90 所示。

5.8.7 饰面板（砖）工程

饰面板（砖）工程应对下列材料及其性能指标进行复验：(1) 室内用花岗石的放射性；(2) 粘贴用水泥的凝结时间、安定性和抗压强度；(3) 外墙陶瓷面砖的吸水率；(4) 寒冷地区外墙陶瓷面砖的抗冻性。如图 5-91 所示。

幕墙应对下列指标进行复验：(1) 铝塑复合板的剥离强度；(2) 石材的弯曲强度、寒冷地区石材的耐冻融性、室内用花岗石的放射性；(3) 玻璃幕墙用结构胶的邵氏硬度、标准条件拉伸粘结强度、相容性试验、石材用结构胶的粘结强度、石材用密封胶的污染性。如图 5-92 所示。

图 5-91 饰面板（砖）工程

图 5-92 幕墙工程

立柱和横梁等主要受力构件其截面受力部分的壁厚应经计算确定，且铝合金型材壁厚不应小于 3.0mm，钢型材壁厚不应小于 3.5mm。防火层应采取隔离措施，防火层的衬板应采用经防腐处理且厚度不小于 1.5mm 的钢板，不得采用铝板。

5.9 外墙外保温工程技术规程

5.9.1 性能要求

外墙外保温系统经耐候性试验后，不得出现饰面层起泡或剥落、保护层空鼓或脱落等破坏，不得产生渗水裂缝。具有薄抹面层的外保温系统，抹面层与保温层的拉伸粘结强度不得小于 0.1MPa，并且破坏部位应位于保温层内。如图 5-93 所示。

图 5-93 外墙外保温施工

5.9.2 设计与施工

设计选用外保温系统时，不得更改系统构造和组成材料。

外保温复合墙体的热工和节能设计应符合下列规定：

(1) 保温层内表面温度应高于 0℃；

(2) 外保温系统应包覆门窗框外侧洞口、女儿墙以及封闭阳台等热桥部位；

(3) 对于机械固定 EPS 钢丝网架板外墙外保温系统，应考虑固定件、承托件的热桥影响。

外保温工程施工期间以及完工后 24h 内，基层及环境空气温度不应低于 5℃。夏季应避免阳光暴晒。在 5 级以上大风天气和雨天不得施工。

5.9.3 EPS 板薄抹灰外墙外保温系统

EPS 板薄抹灰外墙外保温系统（以下简称 EPS 板薄抹灰系统）由 EPS 板保温层、薄抹面层和饰面涂层构成，EPS 板用胶粘剂固定在基层上，薄抹面层中满铺玻纤网。

胶粘剂与水泥砂浆的拉伸粘结强度在干燥状态下不得小于 0.6MPa，浸水 48h 后不得小于 0.4MPa；与 EPS 板的拉伸粘结强度在干燥状态和浸水 48h 后均不得小于 0.1MPa，并且破坏部位应位于 EPS 板内。如图 5-94 所示。

玻纤网经向和纬向耐碱拉伸断裂强力均不得小于 750N/50mm，耐碱拉伸断裂强力保留率均不得小于 50%。

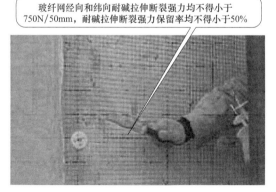

图 5-94 挂网抹灰施工

对于具有薄抹面层的系统，保护层厚度应不小于 3mm 并且不宜大于 6mm。对于具有厚抹面层的系统，厚抹面层厚度应为 25～30mm。如图 5-95 所示。

粘贴 EPS 板时，应将胶粘剂涂在 EPS 板背面，涂胶粘剂面积不得小于 EPS 板面积的 40%。如图 5-96 所示。

图 5-95　外保温施工

图 5-96　粘贴 EPS 板

门窗洞口四角处 EPS 板不得拼接，应采用整块 EPS 板切割成形，EPS 板接缝应离开角部至少 200mm。如图 5-97 所示。

5.9.4　机械固定 EPS 钢丝网架板外墙外保温系统

机械固定系统锚栓、预埋金属固定件数量应通过试验确定，并且每平方米不应小于 7 个。单个锚栓拔出力和基层力学性能应符合设计要求。如图 5-98 所示。

机械固定系统金属固定件、钢筋网片、金属锚栓和承托件应作防锈处理。如图 5-99 所示。

图 5-97　EPS 板面砖饰面外墙外保温施工

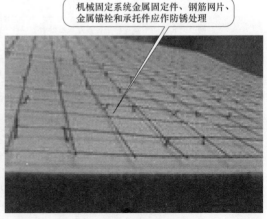

图 5-98　金属固定件 1

图 5-99 金属固定件 2

5.9.5 工程验收

分项工程应以每 500~1000m² 划分为一个检验批，不足 500m² 也应为一个检验批；每个检验批每 100m² 应至少抽查 1 处，每处不得小于 10m²。如图 5-100 所示。

图 5-100 外墙保温现场图

外保温系统主要组成材料复检项目见表 5-6。

表 5-6

组成材料	复检项目
EPS 板	密度，抗拉强度，尺寸稳定性。用于无网现浇系统时，加验界面砂浆喷刷质量
胶粉 EPS 颗粒保温浆料	湿密度，干密度，压缩性能
EPS 钢丝网架板	EPC 板密度，EPS 钢丝网架板外观质量
胶粘剂、抹面胶浆、抗裂砂浆、界面砂浆	干燥状态和浸水 48h 拉伸粘结强度
玻纤网	耐碱拉伸断裂强力，耐碱拉伸断裂强力保留率
腹丝	镀锌层厚度

注：1. 胶粘剂、抹面胶浆、抗裂砂浆、界面砂浆制样后养护 7d 进行拉伸粘结强度检验。发生争议时，以养护 28d 为准。
2. 玻纤网按附录 A 第 A.12.3 条检验。发生争议时，以第 A.12.1 条方法为准。

5.10 建筑装饰装修工程质量验收规范

5.10.1 设计

建筑装饰装修工程必须进行设计，并出具完整的施工图设计文件。如图 5-101 所示。

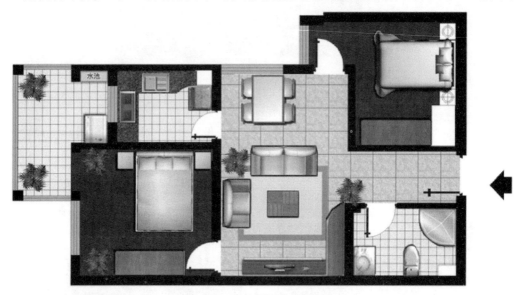

图 5-101 平面方案图

建筑装饰装修工程设计必须保证建筑物的结构安全和主要使用功能。当涉及主体和承重结构改动或增加荷载时，必须由原结构设计单位或具备相应资质的设计单位核查有关原始资料，对既有建筑结构的安全性进行核验、确认。如图 5-102 所示。

图 5-102 彩色平面图

5.10.2 材料

建筑装饰装修工程所用材料应符合国家有关建筑装饰装修材料有害物质限量标准的规定；建筑装饰装修工程所使用的材料应按设计要求进行防火、防腐和防虫处理。如图5-103所示。

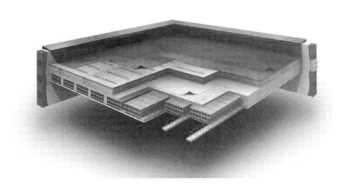

图 5-103 建筑材料 3D 示意图

5.10.3 施工

建筑装饰装修工程施工中，严禁违反设计文件擅自改动建筑主体、承重结构或主要使用功能；严禁未经设计确认和有关部门批准擅自拆改水、暖、电、燃气、通信等配套设施。如图5-104所示。

施工单位应遵守有关环境保护的法律法规，并应采取有效措施控制施工现场的各种粉尘、废气、废弃物、噪声、振动等对周围环境造成的污染和危害。如图5-105所示。

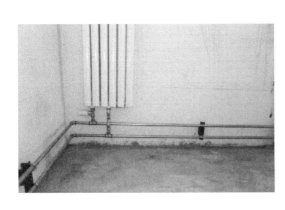 

图 5-104 室内暖气片　　　　　　　图 5-105 施工现场

外墙和顶棚的抹灰层与基层之间及各抹灰层之间必须粘结牢固。如图5-106所示。
建筑外门窗的安装必须牢固。在砌体上安装门窗严禁用射钉固定。如图5-107所示。
重型灯具、电扇及其他重型设备严禁安装在吊顶工程的龙骨上。如图5-108所示。

图 5-106 挂网砂浆施工

图 5-107 建筑外窗安装

图 5-108 龙骨安装施工现场

板材隔墙安装的允许偏差和检验方法应符合表 5-7 的规定。

板材隔墙安装的允许偏差和检验方法　　　　表 5-7

项次	项目	允许偏差(mm)				检验方法
		复合轻质墙板		石膏空心板	钢丝网水泥板	
		金属夹芯板	其他复合板			
1	立面垂直度	2	3	3	3	用2m垂直检验尺检查
2	表面平整度	2	3	3	3	用2m靠尺和塞尺检查
3	阴阳角方正	3	3	3	4	用直角检测尺检查
4	接缝高低差	1	2	2	3	用钢直尺和塞尺检查

饰面板安装工程的预埋件（或后置埋件）、连接件的数量、规格、位置、连接方法和防腐处理必须符合设计要求。后置埋件的现场拉拔强度必须符合设计要求。饰面板安装必须牢固。如图 5-109 所示。

隐框、半隐框幕墙所采用的结构粘结材料必须是中性硅酮结构密封胶，其性能必须符合《建筑用硅酮结构密封胶》GB 16776—2005 的规定；硅酮结构密封胶必须在有效期内使用。如图 5-110 所示。

主体结构与幕墙连接的各种预埋件，其数量、规格、位置和防腐处理必须符合设计要求；幕墙的金属框架与主体结构预埋件的连接、立柱与横梁的连接及幕墙面板的安装必须符合设计要求，安装必须牢固。如图 5-111 所示。

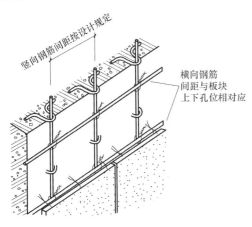

图 5-109　饰面板预埋件安装示意图

图 5-110　玻璃幕墙

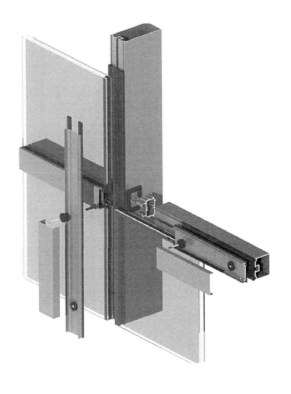

图 5-111　玻璃幕墙断面图

护栏高度、栏杆间距、安装位置必须符合设计要求。护栏安装必须牢固。
护栏和扶手安装的允许偏差和检验方法如表 5-8 所示。

护栏和扶手安装的允许偏差和检验方法　　　　表 5-8

项次	项　目	允许偏差(mm)	检验方法
1	护栏垂直度	3	用 1m 垂直检测尺检查
2	栏杆间距	3	用钢尺检查
3	扶手直线度	4	拉通线，用钢直尺检查
4	扶手高度	3	用钢尺检查

6 其他较重要的规范

6.1 建筑抗震加固技术规程

6.1.1 总则

1. 建筑工程加固要求

在施工中因各种因素造成抗震要求达不到设计抗震要求的工程，为了贯彻地震工作以预防为主的方针，减轻地震破坏，减少损失，使现有建筑的抗震加固做到经济、合理、有效、实用，制定本规程。

2. 抗震范围

本规程适用于抗震设防烈度为6～9度的地区。

6.1.2 加固分类

（1）墙板加固法：在砌体墙表面浇筑或喷射钢筋混凝土的加固方法。见图6-1。

（2）外加柱加固法：在砌体墙交接处增设钢筋混凝土构造柱的方法。见图6-2。

钢筋网与墙体固定时采用L形φ8构造锚固钢筋，锚入墙体150mm，竖向钢筋应连续贯通穿过楼板，钢筋网外表保护层厚度一般为30mm，钢筋混凝土墙板部分伸入地下，与基础连接

门窗洞口处，用U形或L形钢筋在距洞边50～100mm范围内穿过或锚固

外加柱与圈梁或锚杆连成封闭整体，外加柱与墙体必须连接，可在楼层1/3和2/3层高处同时设置拉结钢筋与墙体连接，浇筑混凝土不应低于原构件强度等级

图6-1 墙板加固法效果图

图6-2 外加柱加固法效果图

（3）壁柱加固法：在砌体墙垛（柱）侧面增设钢筋混凝土柱的加固方法。见图6-3。

（4）混凝土套加固法：在原有的钢筋混凝土梁柱或砌体柱外包一定厚度的钢筋混凝土的加固方法。见图6-4。

图 6-3 壁柱加固法效果图

图 6-4 混凝土套加固法效果图

（5）钢构套加固法：在原有的钢筋混凝土梁柱或砌体柱外包角钢、扁钢等制成的构架的加固方法。见图 6-5。

（6）碳纤维加固法：在原有的梁、顶、墙部位进行加固。见图 6-6。

图 6-5 钢构套加固法效果图

图 6-6 碳纤维加固法效果图

6.1.3 加固材料要求

抗震加固所用的材料应符合下列要求：

（1）黏土砖的强度等级不应低于 MU7.5；粉煤灰中型实心砌块和混凝土中型空心砌块的强度等级不应低于 MU10，混凝土小型空心砌块的强度等级不应低于 MU5；砌体的砂浆强度等级不应低于 M2.5。

（2）钢筋混凝土强度等级不应低于 C30，钢筋宜采用Ⅱ级以上钢。

（3）加固所用材料的强度等级不应低于原构件材料的强度等级。

6.1.4 加固施工要求

抗震加固的施工应符合下列要求：

（1）施工时应采取避免或减少损伤原结构的措施。

（2）施工中发现原结构或相关工程隐蔽部位的构造有严重缺陷时，应暂停施工，在会同加固设计单位采取有效措施处理后方可继续施工。

（3）当可能出现倾斜、开裂或倒塌等不安全因素时，施工前应采取安全措施。

6.2 回弹法检测混凝土抗压强度技术规程

6.2.1 总则

（1）为统一使用回弹仪检测普通混凝土抗压强度的方法，保证检测精度，制定本规程。

（2）本规程适用于工程结构普通混凝土抗压强度的检测。当对结构的混凝土强度有检测要求时，可按本规程进行检测，检测结果可作为处理混凝土质量问题的一个依据。本规程不适用于表层与内部质量有明显差异或内部存在缺陷的混凝土结构或构件的检测。见图 6-7。

图 6-7 专业回弹效果图

（3）使用回弹仪检测及推定混凝土强度，除应遵守本规程的规定外，尚应符合国家现行的有关强制性标准的规定。

6.2.2 回弹仪技术要求

（1）测定回弹值的仪器，宜采用示值系统为指针直读式的混凝土回弹仪。

（2）回弹仪正规样本见图6-8。

6.2.3 回弹仪标准状态要求

回弹仪应符合下列标准状态的要求：

（1）水平弹击时，弹击锤脱钩的瞬间，回弹仪的标准能量应为2.207J；

（2）弹击锤与弹击杆碰撞的瞬间，弹击拉簧应处于自由状态，此时弹击锤起跳点应对应于指针指示刻度尺上"0"处；

（3）回弹仪使用时的环境温度应为−4~40℃。

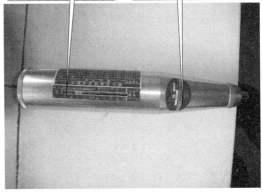

图6-8 回弹仪

6.2.4 回弹仪检定要求

回弹仪具有下列情况之一时应送检定单位检定：

（1）新回弹仪启用前；

（2）超过检定有效期限；

（3）累计弹击次数超过6000次；

（4）遭受严重撞击或其他损害。

6.2.5 回弹值测量

（1）检测时，回弹仪的轴线应始终垂直于结构或构件的混凝土检测面，缓慢施压，准确读数，快速复位。

（2）测点宜在测区范围内均匀分布，相邻两测点的净距不宜小于20mm，测点距外露钢筋、预埋件的距离不宜小于30mm，测点不应在气孔或外露石子上，同一测点只应弹击一次。每一测区应记取16个回弹值，每一测点的回弹值读数估读至1。回弹值测量过程见图6-9。

图6-9 回弹值测量过程

6.2.6 碳化深度值测量

(1) 回弹值测量完毕后,应在有代表性的位置上测量碳化深度值,测点不应少于构件测区数的30%,取其平均值为该构件每测区的碳化深度值,当碳化深度值极差大于2.0mm时,应在每一测区测量碳化深度值。见图6-10。

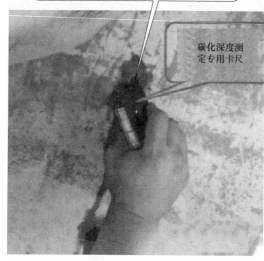

图6-10 碳化深度值测量示意图

(2) 碳化深度值测量,可采用适当的工具在测区表面形成直径约15mm的孔洞,其深度应大于混凝土的碳化深度。孔洞中的粉末和碎屑应除净,并不得用水擦洗。同时应采用浓度为1%的酚酞酒精溶液滴在孔洞内壁的边缘处,当已碳化与未碳化界线清楚时,再用深度测量工具测量已碳化与未碳化混凝土交界面到混凝土表面的垂直距离,测量不少于3次,取其平均值,每次读数精确至0.5mm。

6.2.7 回弹值计算

计算测区平均回弹值时,应从该测区的16个回弹值中剔除3个最大值和3个最小值,余下的10个回弹值取平均数。见表6-1。

回弹法检测混凝土强度计算表　　　　表6-1

工程名称:									日期:			
检测轴线及位置		检测部位	输送方式	检测状态	检测角度		碳化深度		回弹仪校正值			
		墙	非泵送	向上	60°		0.0		80			
测区混凝土强度值		回弹平均值	修正后数据	标准差	非水平 45°/60°/90°/向下/-30°/-45°/-60°/-90°			最小强度值		设计强度		
25.9(MPa)		31.6	31.6	0.759				24.9(MPa)		C30		
各区平均值		1	2	3	4	5	6	7		修正后强度达设计的		
		31.2	31.4	31	31.1	31.4	31.9	31.8		86.33 %		
实测数据	1	28	29	33	32	30	30	31	30	30	37	32	37	31	35	31	32
	2	28	29	38	32	0	30	31	30	30	37	32	37	31	35	31	32
	3	28	29	38	32	30	0	0	30	30	37	32	37	31	35	31	32
	4	28	29	38	32	0	30	31	30	30	37	32	37	31	35	31	32
	5	28	29	38	32	30	30	31	30	30	37	32	37	31	35	31	32
	6	31	33	32	34	37	32	31	31	30	34	32	39	31	35	31	32
	7	31	33	35	33	33	31	33	28	29	28	31	34	31	34	32	35	31	35
	8	0	36	36	32	31	38	24	36	41	38	29	30	28	31	35	31	38
	9	37	38	34	31	32	34	33	28	32	35	32	34	33	33	30	39	29
	10	30	32	38	31	29	30	36	32	36	34	32	30	30	39	30	34

6.3 电梯工程施工质量验收规范

6.3.1 总则

本规范应与国家标准《建筑工程施工质量验收统一标准》GB 50300—2013 配套使用。

6.3.2 电梯安装

电梯安装工程质量验收除应执行本规范外，尚应符合现行有关国家标准的规定。

（1）电梯安装前应先检验电梯井是否符合安装条件。见图 6-11。

（2）电梯安装人员要经过培训。见图 6-12。

图 6-11　电梯安装前检验

图 6-12　电梯安装人员培训

（3）电梯井道样板安装及基准线挂设：搭设样板架、测量井道、确定基准线、样板就位、放基准线。见图 6-13。

图 6-13　样板安装效果图

图 6-14　导轨安装效果图

(4) 安装导轨支架前,要复核由样板上放下的基准线,底坑架设导轨槽钢基础底座必须找平垫实。见图6-14。

(5) 轿厢安装包含:底梁安装、立柱安装、上梁安装、轿厢地盘安装、导靴安装、围扇安装、轿门安装、轿顶装置安装、限位开关碰铁安装、超载满载开关安装及调整。见图6-15。

(6) 厅门安装按要求由样板放两根厅门安装基准线,在厅门地坎上划出净门口宽度线及厅门中心线,在相应的位置打上3个卧点,以基准线为准固定厅门位置。见图6-16。

图6-15 轿厢安装效果图

图6-16 厅门安装效果图

(7) 电梯检测、试验、运行:电梯机械设备检查、电气动作试验、慢速负荷试车、快速负荷试车、自动门的调整、平层的调整等应符合《电梯工程施工质量验收规范》GB 50310—2002的要求。见图6-17。

(8) 成品电梯外观验收。见图6-18。

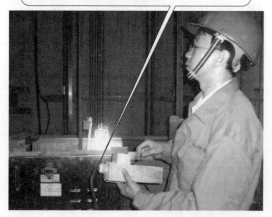

图6-17 电梯检测、试验效果图

图6-18 成品电梯效果图

6.4 塑料门窗工程技术规程

6.4.1 密封条安装

为保证塑料门窗安装施工的质量，做到技术先进，经济合理，安全可靠，建筑塑料门窗的安装及验收，除应按照《塑料门窗工程技术规程》JCJ 103—2008 的规定执行外，尚应符合国家现行有关标准、规范的规定。见图 6-19。

密封条安装时严禁牵拉，密封条剪断时适当留有长度1%～2%的收缩余量，嵌压在型材支臂侧面的密封条小脚一定要入槽，并不得卷边

图 6-19 门窗材料

6.4.2 材料要求

（1）紧固件、五金件、增强型钢及金属衬板等应进行表面防腐处理，紧固件的镀层金属及其厚度宜符合现行国家标准《紧固件 电镀层》GB/T 5267.1—2002 的有关规定。见图 6-20。五金件型号、规格和性能均应符合国家现行标准的有关规定，滑撑铰链不得使用铝合金型材。见图 6-21。

图 6-20 紧固件

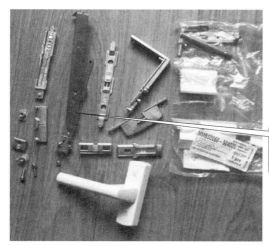

五金件的防腐应符合设计要求，厚度、宽度等应符合要求

图 6-21 五金件

（2）门窗的质量要求：门窗的外观、外形尺寸、装配质量、力学性能应符合国家现行标准的有关规定，门窗中竖框、中横框或拼樘料等主要受力杆件中的增强型钢，应在产品说明中注明规格、尺寸。见图 6-22。窗的构造尺寸应包括预留洞口与待安装窗框的间隙及墙体饰面的厚度，其间隙应符合表 6-2 的规定。

图 6-22 有护栏外窗

洞口与窗框安装间隙表　　　　　　　　　　　　　　表 6-2

墙体饰面层材料	洞口与窗框间隙（mm）	墙体饰面层材料	洞口与窗框间隙（mm）
清水墙	10	墙体外饰面贴釉面瓷砖	20～25
墙体外饰面抹水泥砂浆或贴马赛克	15～20	墙体外饰面贴大理石或花岗岩板	40～50

6.4.3　门窗进场及安装

塑料门窗运到现场后，应由现场材料及质量检查人员按照设计图纸进行品种、规格、数量、制作质量以及是否有损伤、变形等进行检验，如发现数量、规格不符合要求，制作质量粗劣或有开焊、断裂等损坏，应予更换。

塑料门窗安装的工艺流程见图 6-23。

将不同规格的塑料窗搬到相应的洞口旁竖放，当发现保护膜脱落时，应补贴保护膜。见图 6-24。

固定片安装应在检查窗框上下边的位置及其内外朝向，并确认无误后，再安装。安装时应先采用直径为 $\phi3.2$ 的钻头钻孔，然后将十字槽盘头自攻螺钉 M4×20 拧入，并不得直接锤击钉入；固定片的位置应距窗角、中竖框、中横框 150～200mm，固定片之间的距离应小于或等于 600mm（见图 6-25），不得将固定片直接装在中横框、中竖框的挡头上。

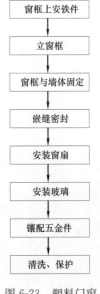

图 6-23　塑料门窗安装工艺流程

图 6-24　窗框保护膜脱落

图 6-25　固定片安装

图 6-26　窗框下支撑木楔效果图

应测出各窗口中线，并应逐一做出标记。多层建筑，可从高层一次垂吊。当窗框装入洞口时，其上下框中线应与洞口中线对齐，窗的上下框四角及中横框的对称位置应用木楔或垫块塞紧作临时固定（见图6-26）。

在安装过程中，施工单位应按工序进行自检，在自检合格的基础上，应由验收部门进行抽检，检查数量按不同门窗品种、类型的樘数，各抽查5%，并均不少于3樘。

6.5　建筑给水排水及采暖工程施工质量验收规范

6.5.1　总则

建筑给水排水及采暖工程施工中采用的工程技术文件、承包合同文件对施工质量验收的要求不得低于《建筑给水排水及采暖工程施工质量验收规范》GB 50242—2002 的规定。

且应与《建筑工程施工质量验收统一标准》GB 50300—2013 配套使用。建筑给水排水及采暖工程施工质量除应符合本规范规定外，尚应符合国家现行有关标准、规范的规定。

6.5.2 给水排水系统安装要求

（1）排水系统：通过管道及辅助设备，把屋面雨水及生活和生产过程所产生的污水、废水及时排放出去的网络。见图 6-27。

（2）给水系统：通过管道及辅助设备，按照建筑物和用户的生产、生活和消防的需要，有组织地输送到用水地点的网络。见图 6-28。

（3）热水供应系统：为满足人们在生活和生产过程中对水温的某些特定要求而由管道及辅助设备组成的输送热水的网络。

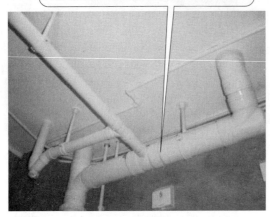

图 6-27 排水管道效果图

（排水管道接头用胶应符合设计要求，保证无渗漏，不开裂；排水管保证有5‰的坡度，支架安装牢固）

（4）支架是限制管道在支撑点处发生径向和轴向位移的管道支架。见图 6-29。

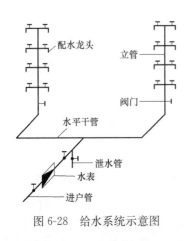

图 6-28 给水系统示意图

（支架预埋件设置在钢筋混凝土墙、梁和楼板中，安装单位要依据土建单位给定的标高线(50线)按设计要求进行预埋）

图 6-29 支架效果图

6.5.3 管道安装

一般规定：给水管道必须采用与管材相适应的管件。生活给水系统所涉及的材料必须达到饮用水卫生标准要求。

管道安装避让原则：分支管道让主干管道，小口径管道让大口径管道，有压管道让无压管道，低压管道让高压管道，常温管道让高温管道或低温管道。

螺纹连接管道：不得有毛刺和乱丝，断丝和缺丝的尺寸不得超过螺纹全扣数长度的10%，在纵方向上不得有短缺相通现象。见图 6-30。

管道金属软管连接：直线段超过规定长度时按设计要求加设金属软管，两根金属软管在同一位置，安装空间小时，应错开安装，保证安装空间。见图 6-31。

6　其他较重要的规范

图 6-30　螺纹管道

安装螺纹零件时应向旋紧方向一次装紧，露出2～3扣，不得倒回，被破坏的镀锌层表面及管螺纹外露部分应作防腐处理

图 6-31　伸缩节

当层高小于等于4m时，每层设置伸缩节；当层高大于4m时，应根据管道设计伸缩量和伸缩节最大允许量确定伸缩节的位置

管道安装坡度控制：管道水平安装的坡度应符合设计要求，当设计未注明时，给水水平管坡度应为 2‰～5‰；热水、采暖及汽水同向流动的蒸汽管道和凝结水管道，坡度应为 3‰，不得小于 2‰；汽水逆向流动的蒸汽管道坡度不应小于 5‰。见图 6-32。

管道阀门设置及安装：阀门安装在操作方便的部位，阀芯应朝上；有方向要求的阀门按介质的流向指示安装，见图 6-33。设备与管道连接处应采用软接头，不得强伸硬接。

给水排水系统中的色标色环，除按设计要求外，常规色标为：给水管绿色，压力排水管黑色，消防喷淋管大红色。见图 6-34。

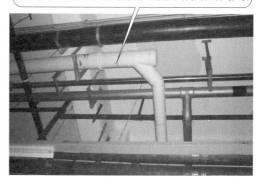

排水管应为小口径排水管坡向大口径排水管，支管坡向总管，水平坡度应符合设计要求，由低点向高点拉细线安装

图 6-32　管道坡度控制效果图

在设备出入口，过滤器应按介质的流向装在控制阀的后端，其排污口向下，止回阀应装在控制阀的前端，不得反装

图 6-33　管道阀门安装效果图

在明显部位规范标明流向指示箭头和文字标记以指示有关管道的水流向

图 6-34　管内流向及文字标记

223

6.5.4 卫生器具安装

排水塑料管主管管径大于或等于110mm时，在楼板贯穿部位加设阻火圈或长度不小于500mm的防火套管，在防火套管周围加设水泥阻火圈；排水立管及水平干管均按规范进行通球试验，洁具安装时对每根给水排水管进行通水试验，确认无堵塞和泄漏情况下方可安装洁具。见图6-35。

地面打眼后，安装膨胀螺栓前，应先灌防水胶，再插入螺栓以防渗漏。见图6-36。

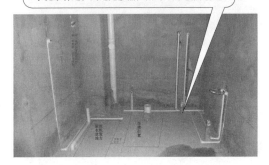

图6-35 给水排水管道安装效果图

图6-36 器具固定效果图

6.5.5 管道保温与防腐

管道保温采用套管或保温棉等，管道刷油漆应按照设计要求进行，当设计无要求时，钢管一般刷防锈漆两遍，面漆一遍。见图6-37。

6.5.6 吊顶内设备管道安装

安装前，根据装修标高要求对安装管线进行综合平衡，使其满足装修吊顶标高要求。

各类手动阀门安装，手柄均不得向下，阀门的安装位置应便于操作、检修、维护，应配合装修在阀门下方开出检修孔。见图6-38。

图6-37 管道保温与防腐

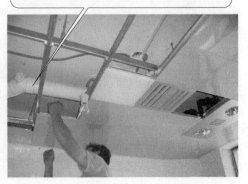

图6-38 顶内设备安装

6.5.7 设备机房管道安装

机房施工前,合理安排管线走向,要求既满足使用功能,又保证观感质量;管道与设备连接处,应设置独立的支架。见图 6-39。

6.5.8 消火栓安装

消火栓安装时,其栓口距地面高度应为 1.1m,栓口应朝外,消火栓阀门中心距箱侧面 140mm,距箱后内表面 100mm,消火栓栓头及配管安装完成后,消火栓内的预留孔要进行封闭。见图 6-40。

图 6-39 地面设备支架

安装前,洞口应弹线找规矩,标高准确,箱门应贴保护膜,箱框做好防腐处理,以防被污染。搬运、装卸时应轻抬、轻放,严禁局部受力。见图 6-41。

图 6-40 消火栓预留孔封堵

图 6-41 明装消火栓箱

6.6 钢结构工程施工质量验收规范

6.6.1 总则

本规范适用于建筑工程的单层、多层、高层以及网架、压型金属板等钢结构工程施工质量的验收。钢结构工程施工中采用的工程技术文件、承包合同文件对施工质量验收的要求不得低于规范的规定。应与现行国家标准《建筑工程施工质量验收统一标准》GB 50300—2013 配套使用。

6.6.2 施工单位资质等级要求

钢结构工程施工单位应具备相应的钢结构工程施工资质，施工现场质量管理应有施工技术标准、质量管理体系、质量控制及检验制度，施工现场应有经项目技术负责人审批的施工组织设计、施工方案等技术文件。见图6-42。

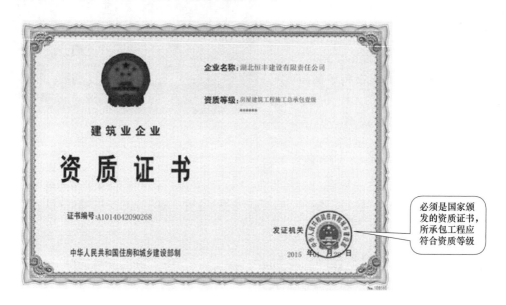

图6-42 资质证书

图6-43 钢结构涂装工程

防火涂料涂装前钢材表面除锈及防锈应符合设计要求和国家现行有关标准的规定。钢结构防火涂料的粘结强度、抗压强度应符合国家现行标准《钢结构防火涂料应用技术规程》CECC 24—1990的规定。薄涂型防火涂料的涂层厚度应符合有关耐火极限的设计要求。见图6-43。

单层钢结构安装的测量校正、高强度螺栓安装、负温度下施工及焊接工艺等，应在安装前进行工艺试验或评定，并应在此基础上制定相应的施工工艺或方案。安装时，必须控制屋面、楼板、平台等的施工荷载。在形成空间刚度单元后，应及时对柱底板和基础顶面的空隙进行细石混凝土、灌浆料等二次浇灌。见图6-44。

焊条、焊丝、焊剂等焊接材料与母材的匹配应符合设计要求及国家现行行业标准钢结构焊接规范GB 50661—2011的规定。T形接头、十字接头、角接接头等要求熔透的对接

6 其他较重要的规范

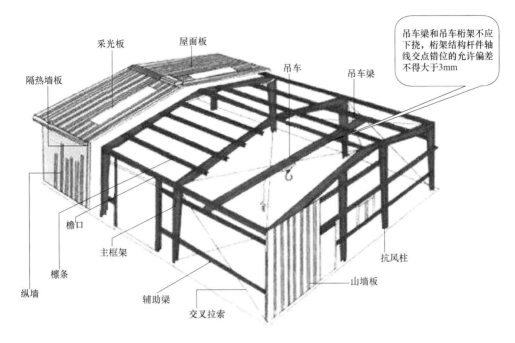

图 6-44 单层钢结构安装工程

和角对接组合焊缝，其焊脚尺寸不应小于 $t/4$（t 为板件厚度）。见图 6-45。

焊接 H 型钢的翼缘板拼接缝和腹板拼接缝的间距不应小于 200mm。翼缘板拼接长度不应小于 2 倍板宽，腹板拼接宽度不应小于 300mm，长度不应小于 600mm。见图 6-46。

图 6-45 钢结构焊接效果图

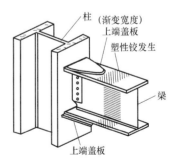

图 6-46 H 型钢接缝

6.6.3 钢结构验收

根据现行国家标准《建筑工程施工质量验收统一标准》GB 50300—2013 的规定，钢结构作为主体结构之一应按子分部工程竣工验收；当主体结构均为钢结构时应按分部工程竣工验收。大型钢结构工程可划分成若干个子分部工程进行竣工验收。

6.7 建设工程项目管理规范

6.7.1 施工项目管理概述

项目是指为达到符合规定要求的目标，按限定时间、限定资源和限定质量标准等约束条件完成的，由一系列相互协调的受控活动组成的特定过程。

项目的基本特征是：一次性，目标的明确性，具有独特的生命周期，整体性和不可逆性。

建设项目是项目中最重要的一类。建设项目是指需要一定量的投资，按照一定的程序，在一定时间内完成，符合质量要求的，以形成固定资产为明确目标的特定过程。

建设项目管理是指建设单位为实现项目的目标，运用系统的观点、理论和方法对建设项目进行的决策、计划、组织、控制、协调等管理活动。

施工项目管理是指建筑企业运用系统的观点、理论和方法对施工项目进行的决策、计划、组织、控制、协调等全过程的全面管理。施工项目管理与建设项目管理的区别见表6-3。

施工项目管理与建设项目管理的区别　　　　表6-3

区别特征	施工项目管理	建设项目管理
管理主体	建筑企业或其授权的项目经理部	建设单位或其委托的工程咨询（监理）单位
管理任务	生产出符合需要的建筑产品，获得预期利润	取得符合要求的能发挥应有效益的固定资产
管理内容	涉及从工程投标开始到交工与保修期满为止的全部生产组织与管理及维修	涉及投资周转和建设全过程的管理
管理范围	由工程承包合同规定承包范围，可以是一个建设项目，也可以是单项（位）工程	由可行性研究报告评估审定的所有工程，是一个建设项目

6.7.2 建筑安装工程费

建筑安装工程费由直接费、间接费、利润和税金组成（见图6-47）。直接费由直接工程费和措施费组成，间接费由规费和企业管理费组成。

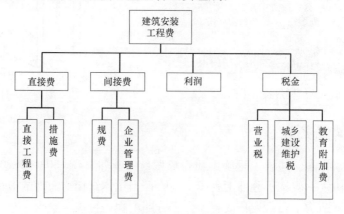

图6-47　建筑安装工程费的组成

6.7.3 施工项目管理内容

建立施工项目管理组织、编制施工项目管理规划、进行施工项目的目标控制、施工项目的生产要素管理、施工项目合同管理、施工项目信息管理、施工现场管理、组织协调。见图6-48。

6.7.4 施工项目合同

施工项目经理部是一个管理组织体，要完成项目管理任务和专业管理任务；凝聚管理人员的力量，调动其积极性，促进合作；协调部门之间、管理人员之间的关系，发挥每个人的岗位作用，为共同目标进行工作；贯彻组织责任制，搞好管理；及时沟通部门之间，项目经理部与作业层之间，与公司之间，与环境之间的信息。见图6-49。

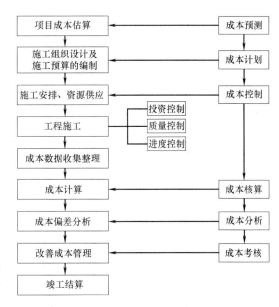

图6-48 施工项目管理的内容

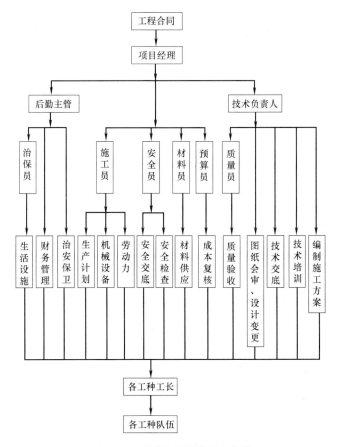

图6-49 项目经理部管理组织体

6.7.5 双代号网络计划

按工作计算法在网络图上计算 6 个工作时间参数，必须在清楚计算顺序和计算步骤的基础上，列出必要的公式，以加深对时间参数计算的理解。时间参数的计算步骤如下。

（1）最早开始时间和最早完成时间的计算

工作最早时间参数受到紧前工作的约束，故其计算顺序应从起点节点开始，顺着箭线方向依次逐项计算。以网络计划的起点节点为开始节点的工作最早开始时间为零。

（2）确定计算工期 T_c

计算工期等于以网络计划的终点节点为箭头节点的各个工作的最早完成时间的最大值。当网络计划终点节点的编号为 n 时，计算工期：$T_c = \max\{EF_i - n\}$

当无要求工期的限制时，取计划工期等于计算工期，即取 $T_p = T_c$。

（3）最迟开始时间和最迟完成时间的计算

工作最迟时间参数受到紧后工作的约束，故其计算顺序应从终点节点起，逆着箭线方向依次逐项计算。

以网络计划的终点节点为箭头节点的工作的最迟完成时间等于计划工期；最迟开始时间等于最迟完成时间减去其持续时间；最迟完成时间等于各紧后工作的最迟开始时间 LS 的最小值。

（4）计算工作总时差

总时差等于最迟开始时间减去最早开始时间，或等于最迟完成时间减去最早完成时间。

（5）计算工作自由时差（见图 6-50）

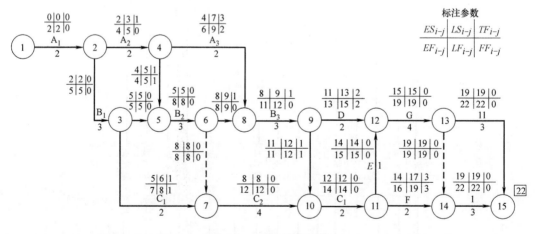

图 6-50 双代号网络图

6.7.6 风险和风险量的内涵

风险指的是损失的不确定性，对建设工程项目管理而言，风险是指可能出现的影响项目目标实现的不确定因素。

风险量指的是不确定的损失程度和损失发生的概率。若某个可能发生的事件其可能的损失程度和发生的概率都很大，其风险量就很大，见图 6-51。

6.7.7 施工安全技术保证体系

施工安全技术保证体系是整个体系的核心环节，组织、制度、投入和信息 4 个环节均是为施工安全技术保证体系的顺利实施服务的。因此，施工安全技术保证体系的构建和完善，是保证安全工作目标顺利实现的关键。见图 6-52。

6.7.8 安全生产

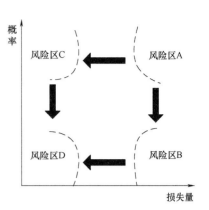

图 6-51 风险量的区域图

安全生产是一项系统工程，需要各级管理人员的共同参与，做到"管生产必须管安全"；切实落实好各级人员的安全生产责任制，通力合作；做到安全管理要完整、细致、全面地把握各个施工环节，运行控制不脱节，使现场

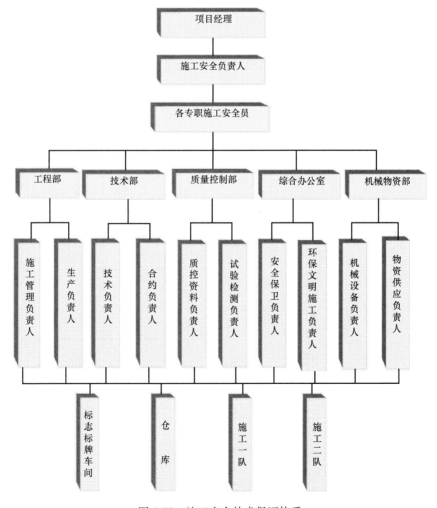

图 6-52 施工安全技术保证体系

安全管理全过程均处于受控状态之中。同时在工作中不断地总结管理经验并应用到实践中去,以使安全生产管理工作真正实现科学化、规范化、标准化。见图6-53。

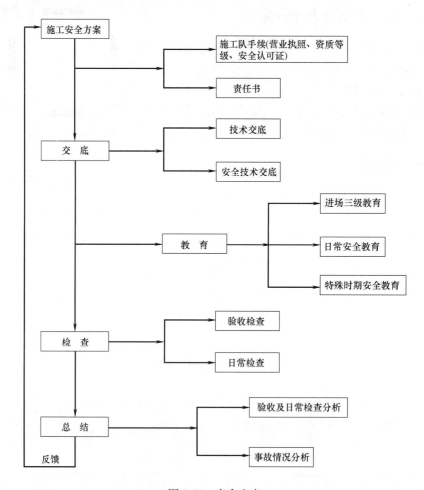

图6-53 安全生产

6.7.9 施工平行承发包模式

施工平行承发包是指建设单位将建设工程的设计、施工以及材料设备采购等任务分别发包给若干设计单位、施工单位和材料设备供应单位。见图6-54。

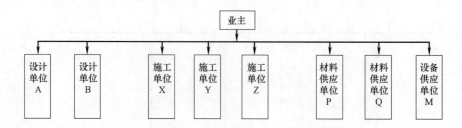

图6-54 施工平行承发包模式

6.7.10 建设工程文件

建设工程文件是反映建设工程质量和工作质量状况的重要依据，是评定工程质量等级的依据，也是单位工程在日后维修、扩建、改造、更新的重要档案材料。见表6-4。

表 6-4

项　目	内　容
施工文件的归档范围	与工程建设有关的重要活动，记载工程建设主要过程和现状、具有保存价值的各种载体文件，均应收集齐全，整理立卷后归档。具体归档范围详见《建设工程文件归档整理规范》的要求
施工文件归档的时间和相关要求	1. 根据建设程序和工程特点，归档可以分阶段分期进行，也可以在单位或分部工程通过竣工验收后进行。 2. 施工单位应当在工程竣工验收前，将形成的有关工程档案向建设单位归档。 3. 施工单位在收齐工程文件整理立卷后，建设单位、监理单位应根据城建档案管理机构的要求对档案文件完整、准确、系统情况和案卷质量进行审查。审查合格后向建设单位移交。 4. 工程档案一般不少于两套，一套由建设单位保管，一套(原件)移交当地城建档案馆。 5. 施工单位向建设单位移交档案时，应编制移交清单，双方签字、盖章后方可交接